STEFAN MEYER

RICHTIG SCHAUEN

Waldmüller, Das Tal von Ischl.
Nach Bruno Grimschitz, Ferd. G. Waldmüller
Verlag Wilhelm Andermann, 1943

RICHTIG SCHAUEN

FÜR
MALER, KONSTRUKTEURE, PHOTOGRAPHEN
UND BILDERFREUNDE

VON

STEFAN MEYER
WIEN

MIT 123 TEXTABBILDUNGEN

Springer-Verlag Wien GmbH
1947

ISBN 978-3-662-28267-0 ISBN 978-3-662-29785-8 (eBook)
DOI 10.1007/978-3-662-29785-8

Geleitworte.

Mögen die folgenden Blätter Betrachter von Bildern bewegen,
Aufmerksamer zu schaun, besinnlicher sich zu vertiefen,

Möge der Leser zu vielem Bekannten Neues auch finden,
Das des Beachtens ihm wert scheint und der Wahrheit dient.

Mög es den Maler befrein von dem Alpdruck, er solle bloß zeichnen
Nach perspektivschem Gesetz, was er gar nicht *so* sieht.

Mögen die „Täuschungen" uns, die optischen, die uns oft narren,
Daran erinnern, wie leicht unsere Sinne uns trügen.

Mögen gar Konstrukteure, vielleicht sogar Augenärzte
Anlaß finden zu fragen, ob nicht, was uns lang überliefert,
Manchmal doch auch noch jetzt der Überprüfung bedarf.

Wenn nach genauesten Regeln, die schärfstem Denken entstammen,
Der Ingenieur sich sein Werk, der Photograph sich sein Bild
Schaffen zu Nutzen und Frommen und auch zur Freude der Mitwelt,
Stehe dem Künstler es frei, dem naiven Empfinden entsprechend
Seine Werke zu bilden auch ohne lange zu grübeln:
Wie, und warum?; dem inneren Drange sich fügend
Und der eignen Natur, die unbeirrbar ihn leiten.

Inhaltsverzeichnis.

Abbildungsverzeichnis.

Einleitung.

Was versteht man eigentlich darunter, wenn man sagt: Ich *„sehe“* eine Landschaft, Häuser, Interieurs, Menschen in Ruhe und in Bewegung, Tiere und Flugzeuge, Autos, Schiffe, Eisenbahnen in voller Fahrt usw. usw.? *„Wie“* sehe ich das alles, wie kann und soll ich das abbilden?

Man kann darauf die Antwort erhalten, man *sieht* das, was ein Momentphotograph jeweils für ruhende, ein Kinoapparat — das heißt viele Momentbilder in rascher Folge — von dem betrachteten Bewegten aufnimmt, natürlich abgesehen von den Farben.

Ist dem aber wirklich so?

Darauf wird man von Malern einerseits, von Konstrukteuren anderseits recht voneinander abweichende Antworten bekommen können und die Verschiedenheit zwischen konstruierten und photographischen Bildern gegenüber Darstellungen der gleichen Objekte durch Maler und Zeichner ist oft so groß, daß es wohl am Platze ist, den Fragen näher zu treten.

Vielfach oder fast allgemein wird angenommen, daß durch die Aufstellung der Grundsätze der geometrischen Perspektive im XIV. und XV. Jahrhundert die Vorschriften für Zeichner und Maler in dieser Hinsicht ein für allemal festgelegt worden seien. Trotzdem findet man noch später, bis in die neueste Zeit, nicht nur bei untergeordneten oder ungenügend ausgebildeten, sondern auch gerade bei hervorragenden Künstlern Abweichungen von diesen Regeln, die sie offenbar unbewußt einem inneren Drange entsprechend vernachlässigen. Fragt man sie, warum sie das täten, so antworten sie ganz bestimmt, daß sie den betreffenden Gegenstand „eben *so* sehen“, oder daß das Bild das *„so“* verlange.

Im folgenden soll der Versuch gemacht werden, festzustellen, wie solche Abweichungen zu begründen und zu rechtfertigen sind.

Eine photographische Aufnahme erfolgt immer bei scharfer Einstellung auf *eine* bestimmte Entfernung, und zwar richtig jederzeit so, daß die „Blick“-Richtung des Apparates senkrecht auf eine ebene Platte oder einen Film steht. Daher ist man — außer für eine Lochkamera — bei einem Linsenapparat nicht imstande, auf nah und fern gleichzeitig scharf einzustellen.

Nun ist auch unser Auge eine Art Linsenapparat und wird deshalb oft schlechtweg mit einem photographischen Apparat gleichgestellt, aber ein starres Linsensystem könnte gar nicht gleichzeitig auf Nähe und

Ferne scharf einstellen und doch erblickt beim gewöhnlichen Schauen das normal sehende Auge praktisch die Objekte in unmittelbarer Nähe und weiter Entfernung gleichzeitig scharf.

Durch Muskelanziehungen ist unser Auge imstande, die Krümmung der Augenlinsen zu verändern, solange das Auge jung und gesund ist, und damit auf verschiedene Entfernungen so einzustellen, daß das auf der Netzhaut entworfene Bild immer gerade auf die empfindliche Stelle (den gelben Fleck) geleitet und scharf abgebildet wird, aber wenn dies bei der gewöhnlichen Art des Schauens geschehen soll, so muß das fortlaufend blitzschnell geschehen, damit wir wirklich was etwa gerade vor uns auf dem Tisch liegt und was wir in geringerer oder größerer Distanz vor uns haben, Häuser, Bäume, Berge usw., gleichzeitig scharf sehen können, wie wir das tatsächlich tun.

Im Alter versagt allmählich dieses Einstellungsvermögen der Augenmuskulatur, man spricht von „Presbyopie", aber bemerkenswerterweise sehen auch alte Leute, die normalsichtig waren, wenn auch nicht für in unmittelbarster Nähe befindliche Gegenstände, alles in Nähe und Ferne gleichzeitig scharf. Freilich Kurzsichtige und Weitsichtige, die durch Brillengläser den Linsenapparat der Augen ergänzen müssen, erstarren damit denselben wie einen photographischen Apparat und sind nicht in der gleichen glücklichen Lage.

Auf alle Fälle unterscheidet sich unser normales Auge schon darin von einem photographischen Apparat, der dieses spontane Einstellen nicht leisten kann. Hat man auf den Vordergrund scharf eingestellt, so liefert das Photogramm verschwommene Hintergründe und umgekehrt.

Blicken wir nicht ganz starr in eine Richtung, blinzeln wir bloß oder bewegen wir, wie man das immer tut, die Augen beim Betrachten hin und her, so nehmen wir überhaupt nie nur *ein* Bild auf wie der Momentphotograph, sondern immer eine enorm große Anzahl von Einzeleindrücken, und was uns als „Anblick" zum Bewußtsein kommt, ist ein Mittelwert aus allen diesen Einzelbildern. Im Geiste werden sie verschmolzen, das Gemeinsame und Wesentliche wird herausgehoben und als Erinnerungsbild als etwas Einheitliches erfaßt und begriffen. Eine einfache geometrische Aufzeichnung wie beim Photographieren ist das nicht.

Im Moment des Augenschließens verschwinden die Bilder sofort und entstehen sogleich wieder beim Öffnen — wobei eigentlich statt „sofort", „sogleich" besser „in sehr kurzer Zeit" gesagt werden sollte. Die vielen Einzelbilder, die beim Umherschweifen des Blickes entstehen, verschwinden ebenso schnell verlöschend und was wir „sehen" ist eine Resultante der Empfindungen aus den Erinnerungsbildern.

Im Kino zeigt sich, daß man mindestens 16 Bilder pro Sekunde vorführen muß, um den Eindruck des Kontinuums zu erwecken. Bei weniger Einzelbildern pro Sekunde „flimmert" es, bei noch weniger sehen wir sie einzeln hintereinander. In der Praxis werden derzeit 24 bis 32 Bilder pro Sekunde gezeigt, bei „Ultrafilm"-Aufnahmen werden noch viel mehr aufgenommen. Die Zahl der Einzeleindrücke, die das schauende Auge aufnimmt, ist jedenfalls sehr groß, ineinander übergehend, verschmelzend.

Wenn nun das Auge die Bildfläche gleichsam abgrast, abtastet, so kann es sich dabei nicht ruhig halten. Sein Gesichtsfeld ist viel zu klein, es beträgt bei starr in einer Richtung gehaltenem Blick nur rund 25^0, also weniger als ein Drittel eines rechten Winkels. Kann das Auge aber frei ringsum sich verdrehen, so läßt sich praktisch der ganze Halbraum vor ihm, nur begrenzt durch die eigene Nasenwand, umfassen.

Ist nun die Blickrichtung einer photographischen Kamera oder des Auges nicht horizontal, dann bilden sich, wie vorgreifend bemerkt werden soll, zum Beispiel vertikale Linien, etwa die Mauerkanten von Häusern, auch nicht als parallele Vertikale auf der vertikal gestellten Aufnahmeplatte oder im Auge ab. Wir kommen auf die hier geltenden Verhältnisse bei Besprechung der Grundzüge der Perspektive etwas genauer zurück. Wie jeder Photograph, der seinen Apparat einmal nicht sorgsam richtig hielt oder aufstellte, weiß, konvergieren die Linien dann bei Neigung aufwärts nach oben, oder bei Neigung nach unten abwärts und die Bilder sehen „unnatürlich" und „verzerrt" aus, obwohl selbstverständlich der Linsenapparat ganz genau und korrekt aufzeichnete, was er „sah".

So schaut aber unser Auge gar nicht, oder richtiger, so gewahrt es die Gegenstände gar nicht. Auch wenn man in einer engen Gasse geht, wo man um die oberen Teile der Häuser zu sehen den Kopf schon stark verdrehen und die Augen hinaufrichten muß, so daß die Blickrichtung von der Horizontalen stark abweicht — immer *sehen* wir alle vertikalen Häuserkanten parallel und vertikal, durchaus im Gegensatz zum Bild im photographischen Apparat.

Damit kommen wir zurück zur Grundfrage: „Was *sehen* wir eigentlich?"

Die Lehre von der Perspektive, deren geometrische Grundlagen die Maler seit *Leonardo da Vinci* und zum Teil schon seit früher vollkommen beherrschen, verlangt, um nur auf das gerade erwähnte Beispiel der Vertikalen zu greifen, daß solche im Bilde, wenn dieses senkrecht zur horizontalen Blickrichtung konstruiert wird, stets vertikal und untereinander parallel erscheinen sollen.

Stehen oder sitzen wir in einem Zimmer, so erblicken wir die vertikalen Linien in den Ecken durchaus immer so — selbst wenn wir dazu für die oberen Teile hinaufschauen müssen und eine photographische Aufnahme bereits in dieser Stellung Konvergenzen zeigen würde. Parallele Linien des horizontalen Plafonds hingegen sehen wir, wie dies die Lehren der Perspektive vorschreiben, gegen einen Fluchtpunkt konvergieren, ebenso wie im Freien die Linien der Eisenbahnschienen, von Straßen und Häuserzeilen, von Fußböden in ihren horizontalen Linien usw. dies immer tun.

Nun mache man aber folgendes Experiment: Man lege sich flach auf den Fußboden oder auf ein Bett im Zimmer, schaue hinauf und betrachte nunmehr die aufrechten Vertikalen und die horizontalen Linien der Zimmerdecke. Gegenüber dem Eindruck, den ein Stehender erfährt, ist alles um 90° verdreht. Die Linien der Decke sollten an Stelle der Vertikalen des Zimmers treten und diese letzteren sich so verhalten wie dem Stehenden die Plafondlinien. Aber das *„sieht"* man keineswegs so. Nach wie vor bleibt uns der Eindruck, daß die tatsächlich Vertikalen parallel bleiben und nicht konvergieren, wie es jetzt die Konstruktion verlangen und eine aufwärts gerichtete Kamera es wirklich auch abbilden würde, und immer noch konvergieren umgekehrt die Deckenlinien, die für den liegenden Beobachter parallel erscheinen sollten wie für den Stehenden die Vertikalen des Zimmers.

Hier spielt ganz offenkundig unser *Wissen* von den Umständen beim Stehenden und seinem natürlichen Verhalten, unsere *angelernte Kenntnis*, unser *Urteil* unbewußt hinein und beeinflußt die geistige Verarbeitung der optischen Eindrücke zum Bilde.

Man kann unmittelbar daraus schließen, daß zur Erklärung des „Sehens", das heißt zum Bewußtwerden eines Bildes, die geometrischen Konstruktionen nicht ausreichen, sondern komplizierte, gar nicht wesensverwandte Vorgänge in unserem Gehirn die „richtige" Auffassung erst vermitteln.

Zum *„Sehen"* gehören nicht nur die tatsächlichen Eindrücke auf unsere Netzhaut und ihre Umarbeitungen im Gehirn zu dem, was wir als Bild empfinden, sondern es gehört sehr wesentlich dazu auch unser *Urteil* und in diesem Sinne unsere *Erziehung*.

Wir *wissen*, daß die vertikalen Häuserkanten parallel sind und deshalb sehen wir sie immer so, auch dann, wenn die Bildkonstruktion bei auf- oder abwärts gerichtetem Blick dem widerspricht.

Wir *wissen*, daß perspektivisch ein entfernterer Gegenstand, der mit einem näheren gleich groß ist, kleiner erscheinen soll. Bei den im folgenden abgebildeten Täuschungen (z. B. Abb. 22, 23) tragen wir dieses Wissen hinein, ohne uns dessen selbst bewußt zu werden, und es erscheinen uns die tatsächlich gleich großen Figuren, wenn wir bloß einige Linien einzeichnen, die eine Raumvertiefung andeuten, größer, wenn sie durch diese Verteilung in der Zeichnung als weiter entfernt gelten sollen.

Naive Menschen, die hörten, daß die Gegenstände sich auf der Netzhaut verkehrt abbilden — was in der Natur oben ist, unten und umgekehrt —, haben oft gefragt, warum man dann nicht auch alles auf dem Kopf stehend *„sähe"*. Sie bedenken dabei nicht, daß das Gebilde auf der Netzhaut ja nur Signal und Anlaß zu einem Nervenreiz ist, der im Großhirn eben in seiner Weise zum Bewußtsein umgearbeitet wird und „oben“ und „unten“ in diesem Sinne von vorneweg ganz inhaltslose Worte sind.

Darauf und wie der normale Mensch mit zwei Augen „sieht“, kommen wir später zurück.

Vorerst wollen wir uns damit befassen, inwieweit wir uns überhaupt auf die „Meldungen“ unserer Augen an unser Hirn, an Geist und Auffassung und auf deren Verarbeitung daselbst verlassen können.

Da gibt es nun ganz überraschende Erscheinungen, die gemeiniglich unter dem Titel *optische Täuschungen* zusammengefaßt werden.

Es seien hier einige typische Fälle als Beispiele angeführt.

Optische Täuschungen.

Wie vorsichtig wir bei der Beurteilung des Gesehenen sein müssen, zeigen uns zahlreiche Fälle, von denen nur einige im folgenden vorgebracht werden sollen.

A. Durch verschiedene Helligkeit hervorgerufene Täuschungen.

Es ist eine Tatsache, daß uns *helle Flächen größer* erscheinen als ebenso große dunkle (Abb. 1). Kohlweißlinge, die man in der Luft flattern sieht, erscheinen im Verhältnis zu dunklen Vögeln sehr groß. Der Mond sieht bei Tag auf hellem Himmel wegen des geringeren Helligkeitskontrastes viel kleiner aus als bei Nacht auf dunklem Hintergrund. Zurückgeführt wird diese Erscheinung darauf, daß die Retina des

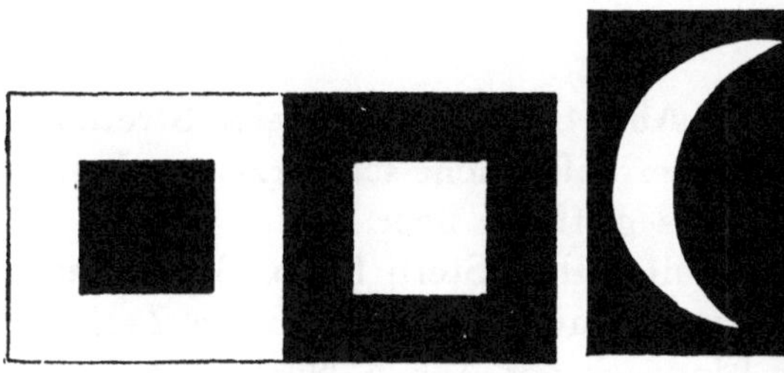

Abb. 1.

Abb. 2.

Abb. 3.

Abb. 1. Die weißen und die schwarzen Flächen sind gleich groß; die weißen erscheinen aber größer.

Abb. 2. Der Umriß des ganzen Mondes ist ein genauer Kreis; die helle Sichel scheint aber übergreifend aufgesetzt.

Abb. 3. In den weißen Kreuzungsstellen bemerkt man graue runde Flecken, die reell gar nicht vorhanden sind.

Auges netzartige Struktur besitzt. Es bilden sich rings um die auf die Netzhaut projizierten Punkte, gleichsam durch Ansteckung der Nachbarschaft, Zerstreuungskreise, die um so größer werden, je intensiver — heller — der Eindruck ist. Man bezeichnet das als *„Irradiation"*.

Zu den Irradiationserscheinungen gehört das scheinbare *Übergreifen der beleuchteten Mondsichel* über die dunkle kreisförmige Mondfläche (Abb. 2). (Die ganze Randlinie ist tatsächlich ein glatter Kreis.)

Eine damit zusammenhängende *Kontrastwirkung* ist es, daß scheinbar graue Flecken an den Schnittpunkten der weißen Streifen zwischen einer Anzahl schwarzer Quadrate entstehen, deren Vorhandensein die weißen Streifen zu unterbrechen scheint (Abb. 3). Daß diese Flecken nur vorgetäuscht sind, erkennt man leicht, wenn man einen solchen fixiert; dann verschwindet er, während die anderen bleiben.

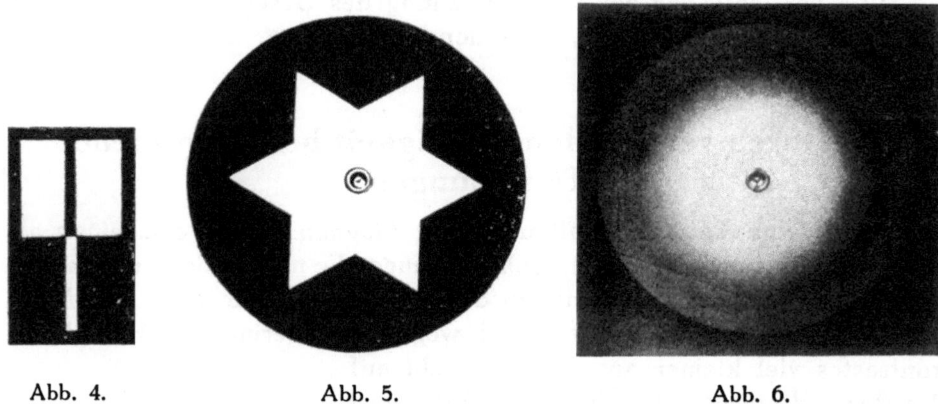

Abb. 4. Abb. 5. Abb. 6.

Abb. 4. Der schwarze und der weiße Streifen sind gleich breit; der weiße erscheint breiter.
Abb. 5. Weißer Stern in schwarzem Feld.
Abb. 6. Rotationsbild des Sternes der Abb. 5.

Verwandt ist auch die Wirkung in Abb. 4. Der untere weiße Streifen, tatsächlich genau so breit wie der darüber befindliche schwarze, erscheint verbreitert und macht den Eindruck, als griffe er über.

Läßt man eine schwarze Scheibe mit hellem Stern (Abb. 5) rotieren, so verschwimmen durch Summation von Schwarz und Weiß die Zacken für das Auge und wir erhalten den Eindruck der Abb. 6. Nun würde man erwarten, daß durch diese Mischung von Schwarz und Weiß von außen gegen innen kontinuierlich alle Töne von Schwarz über Grau nach Weiß auftreten sollten. Die genauere Beobachtung zeigt aber, daß die innere helle Kreisfläche außen von einem lichteren Saum umgrenzt ist und daß der schwarze Außenring innen von einem noch tiefer schwarzen Saum eingefaßt erscheint. Man nennt diese Kontrastwirkung die *„Machschen Streifen"* nach dem österreichischen Physiker *Ernst Mach* (1838 bis 1916).

Sie sind beispielsweise für das Lesen von schwarzer Druckschrift auf weißem Papier von großer Bedeutung. Das Auge zieht, im übertragenen Sinn gesprochen, im Bilde der Druckschrift an der Grenze des hellen Papiers einen weißen, an den Rändern der dunklen Buchstaben einen schwarzen Saum und vermittelt dadurch auch bei mangelhafter Schärfe des Netzhautbildes den Eindruck scharfer Konturen. Sie steigert auch die Wirkung und den Reiz schwarzer Silhouetten auf weißem Grund und anderes mehr.

B. Geometrisch-optische Täuschungen.

Unter den geometrisch-optischen Täuschungen können wir ordnend vier Arten unterscheiden:

1. Größentäuschungen,
2. Richtungstäuschungen,
3. Gestalts- und Formtäuschungen,
4. Umkehrungen.

1. Größentäuschungen.

Die Täuschungen bezüglich *Größe und Richtung* lassen sich einigermaßen dadurch erklären, daß das Auge, weil das Netzhautbild am gelben Fleck (in der Mitte der Retina, wo die Zapfen der Sehnerven am dichtesten gedrängt sind) das deutlichste Bild erhält, sich unwillkürlich ständig so bewegt, daß nach und nach alle Punkte des Bildes dahin kommen. Die Muskulatur des Auges, die diese Einstellung besorgt, ist nach verschiedenen Richtungen verschieden ausgebildet und deshalb wird das Vergleichen von Größen, das unbewußt durch die Muskelarbeit bedingt wird, je nach der Richtung ungleich. So erscheinen uns vertikale Linien $^1/_5$ bis $^1/_{30}$mal höher als gleich große horizontale, wahrscheinlich weil die

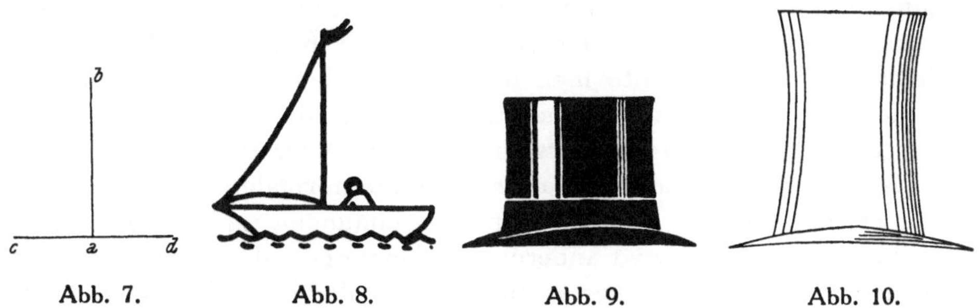

Abb. 7. Abb. 8. Abb. 9. Abb. 10.

Abb. 7. a b = c d; a b erscheint länger.
Abb. 8. Fischerboot mit Mast.
Abb. 9. Zylinderhut.
Abb. 10. Der Zylinder ist ebenso hoch wie breit, erscheint aber übermäßig hoch.

von den Augenmuskeln geleistete Arbeit bei Zurücklegung vertikaler Strecken größer ist als für horizontale.

Das einfachste Beispiel dafür bringt Abb. 7, eine Strecke, auf deren Mittelpunkt eine Gerade derselben Länge aufsteht. Es sieht a bis b länger aus als c bis d.

Im selben Sinne wirkt die Skizze des Fischerbootes, Abb. 8. Bootslänge und Masthöhe erscheinen praktisch nahezu gleich groß. Wie eine Nachmessung lehrt, ist aber die Masthöhe wesentlich kleiner gezeichnet (Masthöhe 22 mm, Bootslänge 27 mm).

Wie sehr die Augen trügen können, beweist der bekannte Fall der Beurteilung der Ausmaße eines Zylinderhutes. Derjenige in Abb. 9 mag als nahe gleich breit wie hoch empfunden werden, in Wahrheit ist seine Höhe 18 mm, seine Breite 30 mm im Bilde. Wollte man einen Zylinder darstellen, der tatsächlich gleiche Breite wie Höhe hat, so kommt man zu dem Ungetüm Abb. 10 (30 mm breit und hoch) und jedermann würde glauben, daß er viel höher ist als breit.

Nach der Ansicht einiger Physiologen erscheinen die Gegenstände bei erhobener Blickrichtung größer, bei waagrechter kleiner, weil Hebung der Blickrichtung eine Verkleinerung, Senkung eine Vergrößerung des Konvergenzwinkels der Gesichtslinien der beiden Augen begünstigt.

Diese Erklärung kann jedoch hier nicht ausreichen, da die Täuschung vorhanden ist, ob man die Zeichnung mit beiden Augen oder auch nur mit einem anschaut.

Eigentlich ist übrigens das Wort *„Täuschung"* gar nicht recht am Platze, denn es handelt sich ja um den tatsächlichen Gesichtseindruck, das optische Erlebnis, das sich wohl von dem unterscheidet, was man geometrisch-perspektivisch voraussetzt, aber individuell vollkommen reell ist.

Die Beurteilung ist zumeist gleichartig, aber nicht durchwegs. Hiezu sollten wir uns auch klar machen, daß wir ja gar nicht wissen können, ob der „andere" *so* sieht, wie „wir" sehen. Wir können das nur vermuten oder aus der Gleichartigkeit der Bauart unserer Körper erschließen — mit demselben Recht könnte man daraus schließen, daß die Menschen gleich denken. Es gibt zahlreiche Farbenblinde, die von diesem ihrem Defekt gar nichts wissen oder erst in höherem Alter darauf gekommen sind, aber sie „sehen" natürlich anders als die normalen Menschen. Sie haben nur von Kindheit an dieselben Bezeichnungen und Benennungen von in ihrer Vorstellungswelt anderen Erscheinungen als denen der Vollsichtigen gelernt und sie immer so angewendet, daß kein Unterschied mit den anderen merklich wurde.

Die außerordentliche Bedeutung, die der „optischen Täuschung" der Abb. 7 für Zeichner, Maler und Konstrukteure zukommt, möge ein ausführlicheres Eingehen in dieses Problem begründen.

Es sei deshalb die Kombination der zwei Geraden aus Abb. 7 in verschiedenen Variationen etwas eingehender besprochen. Bemerkt sei, daß das Urteil über den Eindruck von Normal-, Kurz- und Weitsichtigen eingeholt wurde.

In allen Fällen ist die Länge der beiden Linien gleich groß.

Es empfiehlt sich, jene Abbildungen, die jeweils nicht miteinander verglichen werden, abzudecken, um nicht durch sie störend beeinflußt zu werden.

Betrachten wir zuerst die Linien getrennt (Abb. 7 a), so geben die meisten Betrachter an, daß die waagrechte die längere ist, manchen erschienen sie gleich lang. — Man vergleiche hiezu den Anblick eines Baumes, der aufrecht steht, und dann desselben nach seiner Fällung. Auch wenn er so liegt, daß sein oberes Ende sich von uns entfernt, erscheint der liegende im Vergleich zum stehenden erstaunlich lang. Das gilt natürlich auch für liegende Säulen oder andere lange Objekte und auch meist beim Vergleich liegender und stehender Menschen.

Abb. 7 a. Gleich lange Linien vertikal und horizontal werden nicht immer gleich lang gesehen.

Setzen wir nun die zwei Linien so aneinander, daß die eine *in der Mitte* der anderen beginnt (Abb. 7 b), so wirkt *die von der Mitte aus-*

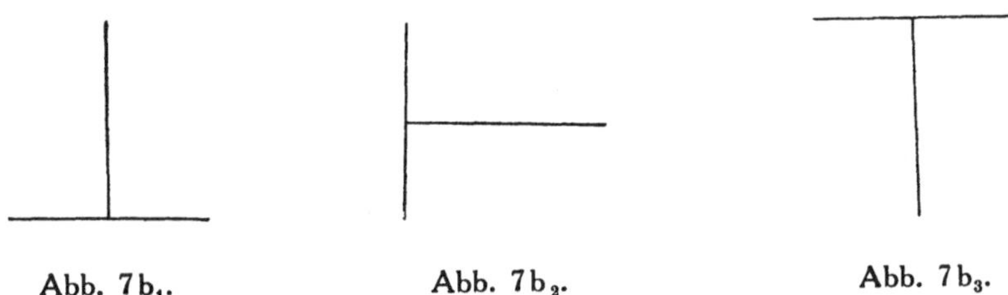

Abb. 7 b_1. Abb. 7 b_2. Abb. 7 b_3.

Abb. 7 b_1. Die Vertikale erscheint länger als die Waagrechte.

Abb. 7 b_2. Die Horizontale erscheint länger als die Vertikale und länger als die Waagrechten in Abb. 7 b_1 und 7 b_3.

Abb. 7 b_3. Die abwärts gerichtete Vertikale erscheint noch länger als die aufwärts gerichtete in Abb. 7 b_1.

gehende immer bedeutend länger, beachtenswerterweise *auch dann, wenn sie horizontal liegt!* Die abwärts gerichtete (Abb. 7 b_3) wird von allen Befragten noch länger empfunden als die nach oben gestellte. Es kommt demnach nicht immer auf die Richtung „vertikal" oder „horizontal" an, sondern *wesentlich auf die Ansatzstelle.*

In der Doppelfigur (Abb. 7 c), mit der Senkrechten aufwärts *und* abwärts, wird die Wirkung noch beträchtlich verstärkt.

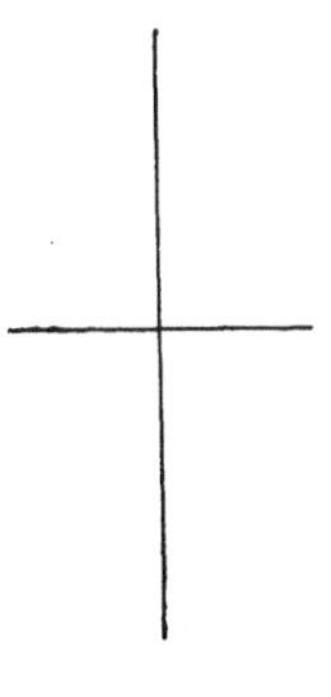

Abb. 7 c.

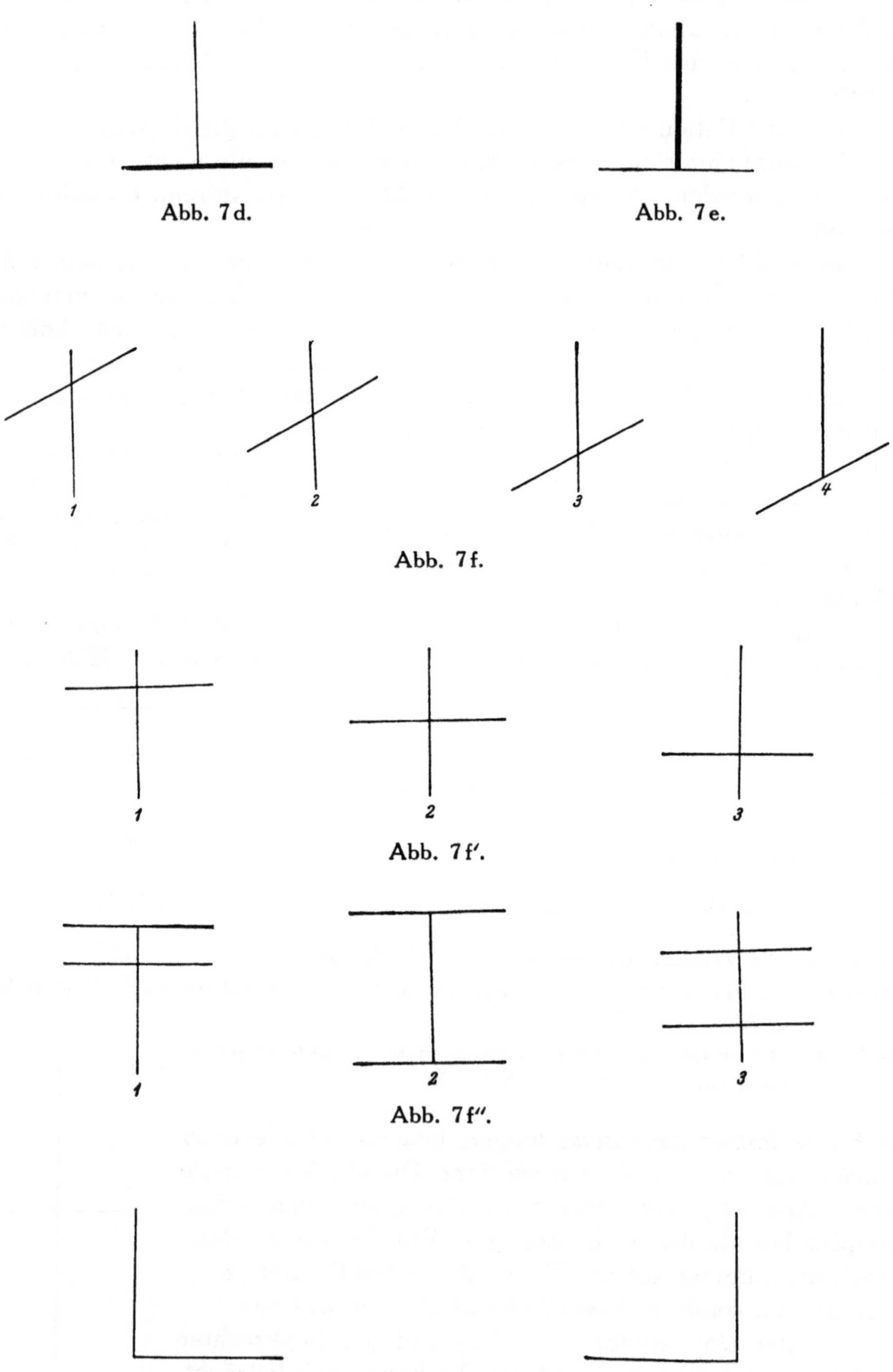

Abb. 7d.

Abb. 7e.

Abb. 7f.

Abb. 7f'.

Abb. 7f''.

Abb. 7g.

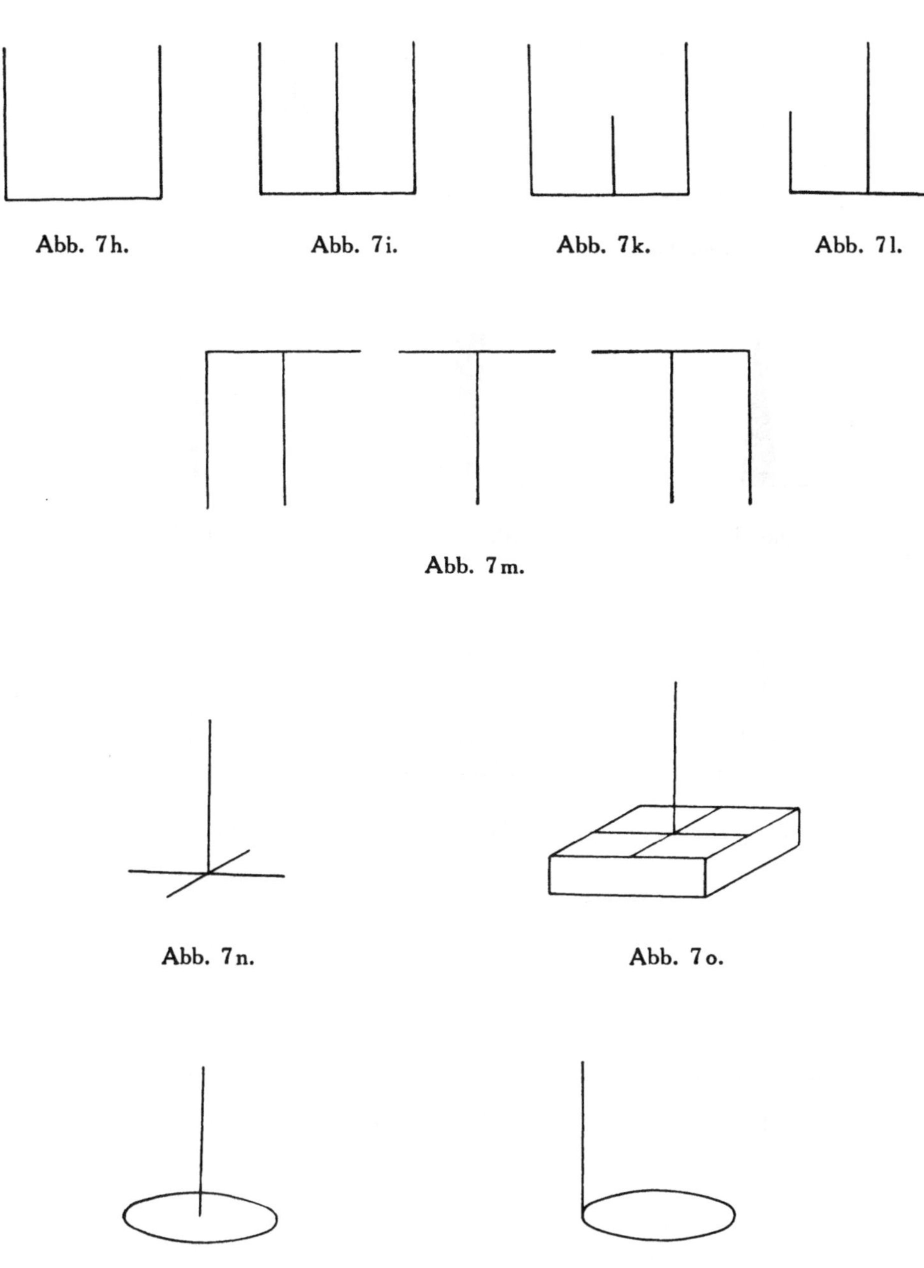

Abb. 7h. Abb. 7i. Abb. 7k. Abb. 7l.

Abb. 7m.

Abb. 7n. Abb. 7o.

Abb. $7p_1$. Abb. $7p_2$.

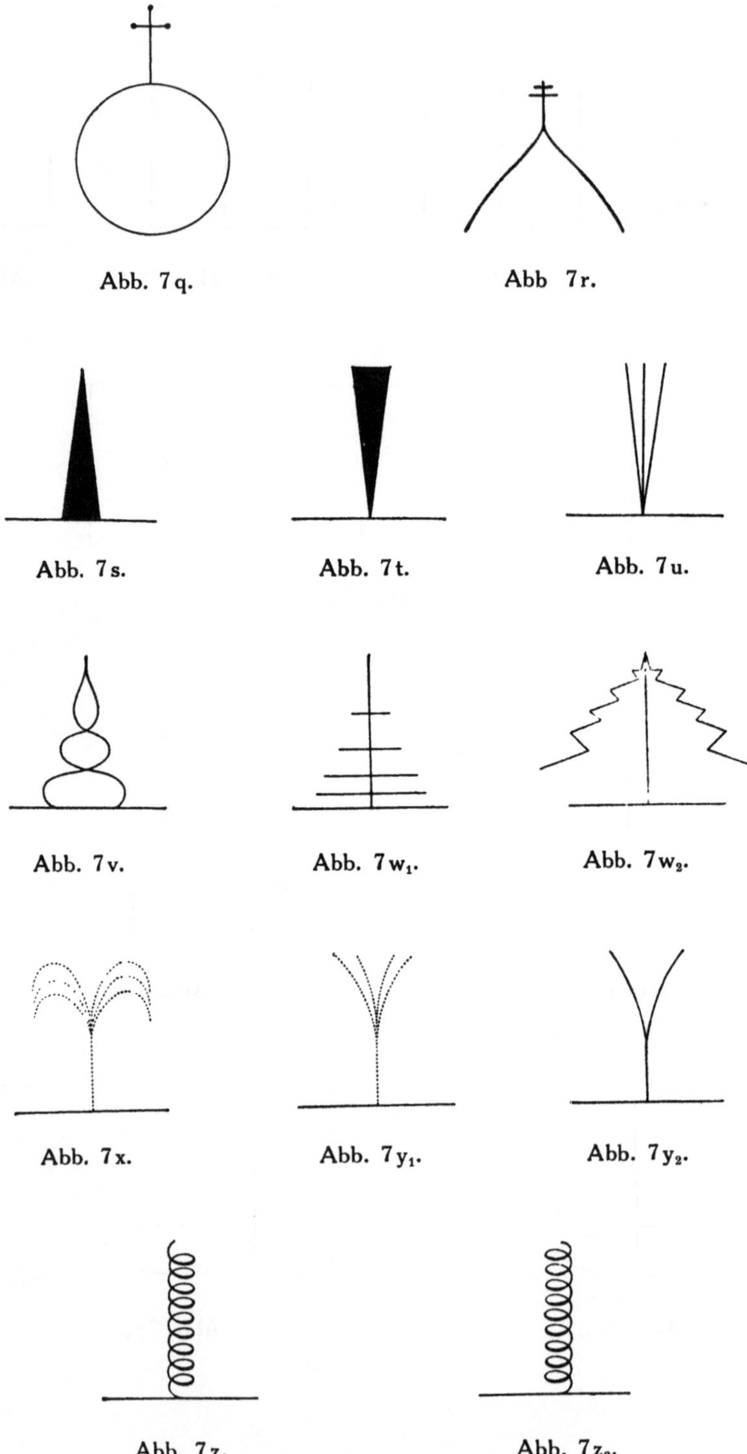

Abb. 7q. Abb 7r.

Abb. 7s. Abb. 7t. Abb. 7u.

Abb. 7v. Abb. 7w_1. Abb. 7w_2.

Abb. 7x. Abb. 7y_1. Abb. 7y_2.

Abb. 7z_1 Abb. 7z_2.

Von der absoluten Länge der Linien scheint die relative Beurteilung unabhängig oder nahezu unabhängig zu sein, wovon man sich leicht überzeugt, wenn man die ganze Figur vergrößert oder verkleinert.

Der Eindruck wird beeinflußt, wenn die Linien verschieden dick sind (Abb. 7 d und 7 e). Die Horizontale in 7 e erscheint kleiner als in 7 d. Die ganze Abb. 7 e wirkt kleiner als 7 d. Meist wird die Vertikale in d größer empfunden als in e. Das läßt sich nicht dadurch erklären, daß unsere Aufmerksamkeit durch die dickere Linie stärker in Anspruch genommen wird, was sonst in mancher Hinsicht zutrifft.

In den Abb. 7 f, f' und f" sind die kreuzenden Linien — alle wiederum gleich lang mit der Senkrechten — in verschiedenen Höhen angesetzt.

In f_1 erscheint der Querbalken länger; in f_2 sind beide Balken gleich lang, in f_3 wirkt bereits die Vertikale länger und in f_4 ist dies noch beträchtlich ausgeprägter.

In f'_1 und f'_3 werden die Vertikalen länger geschätzt, und zwar in f'_1 mehr als in f'_3; in f'_2 wirken beide Striche gleich lang.

In f''_1 wird der untere Teil der Vertikalen als gleich lang der Waagrechten empfunden, während erst die ganze Senkrechte so lang ist; f''_3 erscheint wesentlich kürzer als f''_2.

Stehen die Vertikalen nicht in der Mitte der Grundlinie, sondern an den Seiten (Abb. 7 g), so werden sie *nicht* als länger empfunden. Manche Beobachter sehen in diesen Fällen sogar die Horizontalen als länger. Letzteres muß eintreten, wenn das Blatt nach vorn oder hinten geneigt gehalten wird, weil sich dann die Vertikalen perspektivisch verkürzen.

In Abb. 7 h werden die Vertikalen kaum verlängert gesehen; in 7 i bereits von einigen Beobachtern.

In Abb. 7 k erscheint die halblange Mittellinie kürzer als die halbe Länge; in Abb. 7 l wirken die zwei seitlichen halblangen Begleitlinien gleichfalls zu kurz.

In Abb. 7 m sind die Grundformen von 7 b_3 und 7 g kombiniert. Nach den vorerwähnten Eindrücken ist zu erwarten, daß die in der Mitte der waagrechten Geraden angesetzten Linien länger wirken. Tatsächlich scheinen die Fußpunkte der Senkrechten vielen Beobachtern einen flachen Bogen zu bilden mit dem Tiefpunkt in der Mitte. Andere Beobachter sehen hier keine derartigen Täuschungen.

Zeichnet man die zwei Linien der Abb. 7 in verschiedenen Farbenkombinationen, z. B. rot, grün, blau und schwarz, so ist die Wirkung betreffs der Längenbeurteilung auf verschiedene Personen ungleich, doch soll hier auf Farbenprobleme nicht eingegangen werden.

Die Wirkung — Erhöhung der Vertikalen beziehungsweise bei Verdrehung um 90° Verlängerung der Horizontalen — wird verstärkt durch Anbringung einer zweiten kreuzenden Linie (Abb. 7 n).

Hinzufügen einer „Basisschachtel" schwächt die Wirkung etwas ab (Abb. 7 o) (S. 11).

Andere Variationen bringen die Abb. 7 p_1 und p_2. In der Mitte aufgesetzt, erscheint der Stab länger als der Durchmesser der Scheibe, obwohl er in Wahrheit gleich lang ist. Dies gilt wiederum auch bei Verdrehung des Blattes um 90° oder 180° oder Betrachung aus anderer Richtung. Der seitlich angesetzte Stab (Abb. p_1) erscheint hingegen ebenso lange als der Durchmesser der Grundscheibe (S. 12).

In dem „Reichsapfel mit Kreuz" ist der Abstand von der Kreuzspitze bis zum Mittelpunkt der Kugel gleich groß wie der Durchmesser, wirkt aber bedeutend größer (Abb. 7 q). Im „Schema einer Kapellenkuppel" scheint gleichfalls die Höhe größer als die Basis, der sie tatsächlich gleich ist (Abb. 7 r) (S. 12).

Abb. 7 y_3. Die Krone ist gleich breit wie hoch, erscheint wesentlich höher.

Zusätze von Keilen, Bündeln und dergleichen steigern unter Umständen die Effekte in verschiedenem Ausmaße (Abb. 7 s, t, u), wobei meist t stärker als s und u, das offene Bündel gegenüber dem ausgefüllten Keil wirksamer empfunden werden (S. 12).

Hiezu können weiterhin beliebig viele Variationen herangezogen werden, wie etwa Abb. 7 v, wo zwar die schematische „Turmspitze" überhöht wirkt, aber doch durch den Linienzug der Blick schon ein wenig herabgezogen wird. Abb. 7 w_1 und w_2 mögen als Baumtypen gelten, erstere Abbildung erscheint höher. Abb. 7 x kann als Schema eines Springbrunnens oder einer Palme angesehen werden; in Abb. 7 y_1 erscheint im Vergleich die Überhöhung stärker und auch stärker als in Abb. 7 y_2. Ähnliches gilt für die Krone (Abb. 7 y_3), die tatsächlich gleich hoch wie breit ist.

Die Abb. 7 z zeigt Schraubenlinien, links und rechts drehende „Ranken". Beide erscheinen wesentlich länger als die Basislinie.

Schließt man das linke Auge, so scheint die rechte Figur in die Höhe zu wachsen, umgekehrt, wenn man das rechte zumacht.

Dreht man das Blatt um 90°, so daß die Spiralen waagrecht liegen, wobei sie wiederum bedeutend länger erscheinen als die dann senkrechte Gerade, und schließt man abwechselnd das linke und rechte Auge, so wandert die Figur nach links beziehungsweise rechts und die Spiralen scheinen sich zu verkürzen oder auszudehnen.

Zu Abb. 8 kann man als Variationen die Abb. 8 a, b, c betrachten. Meist werden die Vertikalen der Reihe nach von a über b nach c ansteigend größer gesehen, besonders auch bei Verdrehung des Blattes um 90°, wenn sie zu Horizontalen werden; manchmal wird aber auch die umgekehrte Reihenfolge angegeben, zuweilen auch die Mittellinie in b als größte Linie bezeichnet. Die rechte Hälfte der Horizontalen erscheint größer als die linke, besonders wiederum bei Verdrehung des Blattes um 90° das dann abwärts gerichtete entsprechende Linienstück.

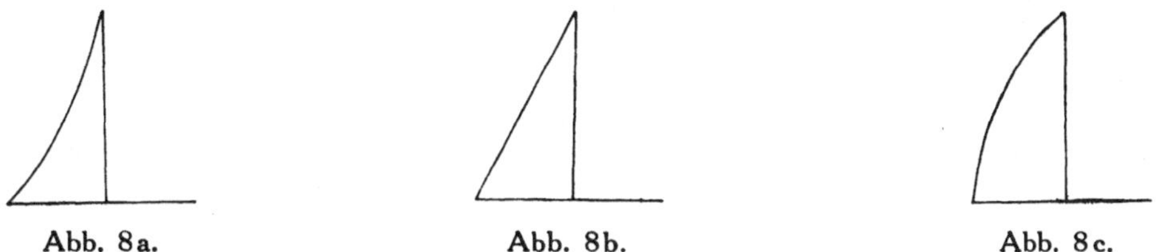

Abb. 8a. Abb. 8b. Abb. 8c.

Schließt man während des Betrachtens von Abb. 8 (S. 7) oder ähnlichen Abbildungen rasch das linke, dann das rechte Auge, so wächst die Vertikale ruckweise.

Bei seitlicher Betrachtung, wenn die Blickrichtung nicht senkrecht zur Zeichnungsebene bleibt, verkürzt sich geometrisch-perspektivisch die Horizontale. Die Vertikale muß darum dann noch größer erscheinen.

Ganz allgemein hat man den Eindruck, daß beim Abtasten und Entlangwandern durch die Augen an den Linienzügen dieses in verschiedene Richtungen gelenkt wird, wahrscheinlich dabei zuweilen seine Wanderung unterbricht und neuerdings aufnimmt, wobei Teile der Wanderungen wiederholt werden, andere nicht oder nicht so oft. Dabei hat das Auge dann ungleiche Arbeit zu leisten und nach den verschiedenen Muskelarbeitsleistungen desselben wird die Länge der Linien verschieden beurteilt und zum Bewußtsein gebracht. Es kommt also nicht so sehr auf „vertikal" und „horizontal" an, sondern darauf, daß der Stab in Abb. 7 bis 7 f und Variationen *in der Mitte* angesetzt ist und nicht an der Seite wie in Abb. 7 g. In letzterem Falle verschwindet ja die „Täuschung". Man darf vielleicht annehmen, daß beim Entlanggleiten des Blickes für den Mittelstrich der Weg hinauf und hinunter erfolgt, also mindestens zweimal.

Die Angelegenheit kompliziert sich, wenn das ganze Objekt — innerhalb des Sehwinkels beziehungsweise Gesichtsfeldes — nicht auf einmal umfaßt werden kann. Bei großen Höhen tritt z. B. die geometrisch-perspektivische Tatsache hinzu, daß entferntere Gegenstände kleiner erscheinen.

Das Beispiel eines hohen Baumes bei Betrachtung solange er steht und danach, wenn er gefällt ist, wobei man sich immer über die Länge des liegenden wundert, wurde bereits erwähnt. (Vgl. hiezu S. 9 und für den Fall der Einschätzung der Höhe von Bergen S. 97.)

Es sei nun auf einige andere „Täuschungen" eingegangen.

Die Vergleichung von Unterteilungen einer Strecke kann ganz falsch ausfallen, es kommt dabei stark auf die Umgebung an. Der in den Drei-

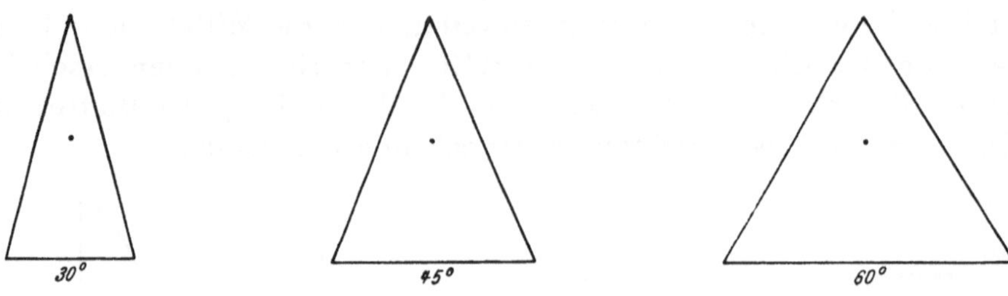

Abb. 11. Der Höhenmittelpunkt eines Dreieckes scheint höher zu liegen als die Mitte.

Abb. 12a. Abb. 12b.

Abb. 12a, 12b. Beeinflussung des Längeneindrucks von Linien durch Begleitlinien. Die Mittellinie in 12a erscheint kürzer als in 12b.

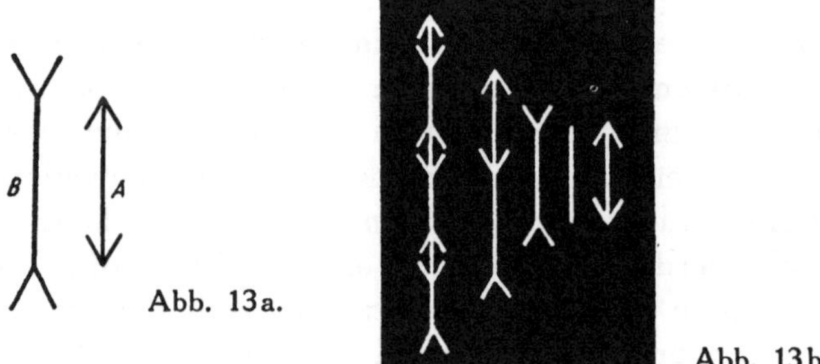

Abb. 13a. Abb. 13b.

Abb. 13a. Müller-Lyersche Täuschung. A erscheint kürzer als B.

Abb. 13b. Müller-Lyersche Täuschung weiß auf schwarz; alle vertikalen Teilstrecken sind gleich lang.

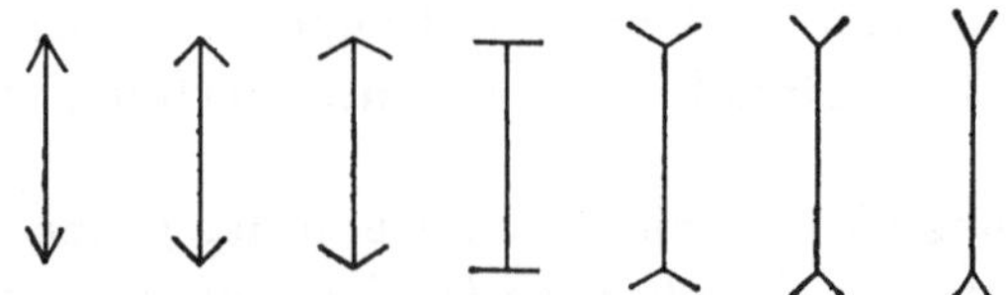

Abb. 13c. Von links nach rechts scheint die Hauptlinie zu wachsen.

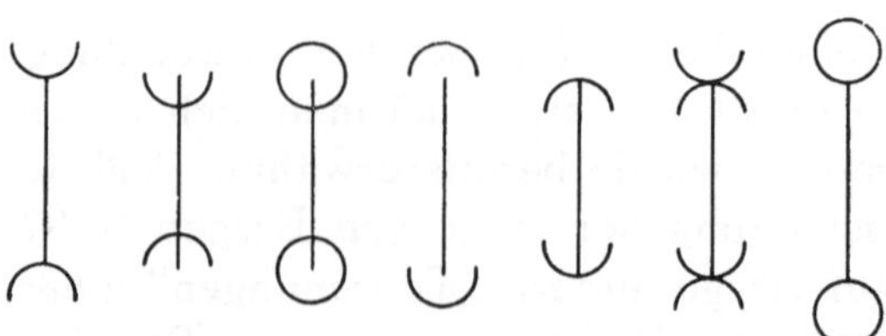

Abb. 13d. Auch andere Begrenzungen ändern anscheinend die Länge der Hauptlinie.

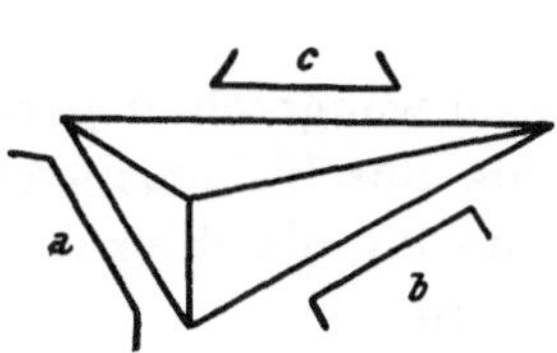

Abb. 14. Die drei gleich langen Strecken a, b, c erscheinen in dieser Reihenfolge kürzer.

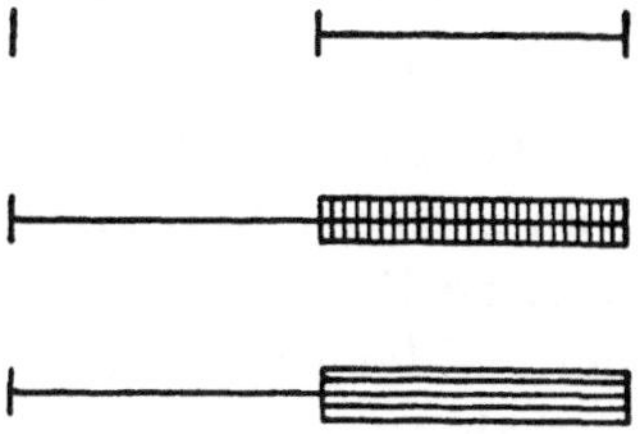

Abb. 15. Die leeren, bzw. leereren Strecken erscheinen kürzer.

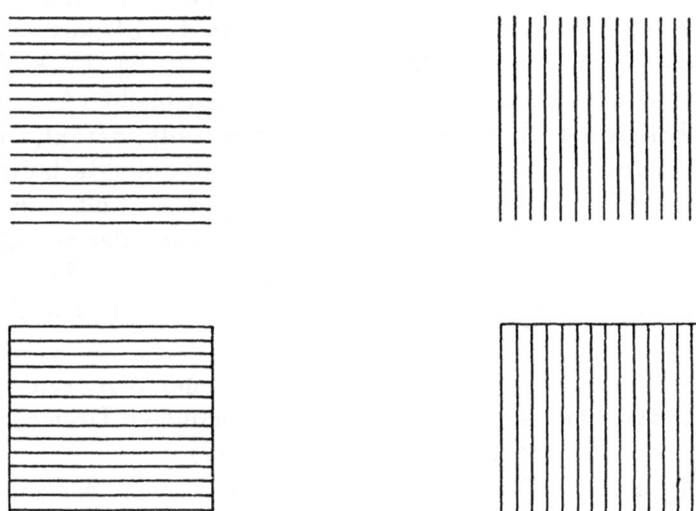

Abb. 16. Das Quadrat links erscheint durch die horizontale Schraffierung in die Höhe gezogen, das rechte durch die vertikale in die Breite. Ergänzung der Umrandung verringert den Effekt.

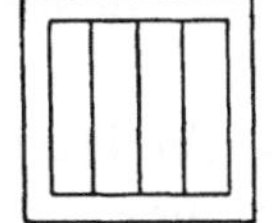
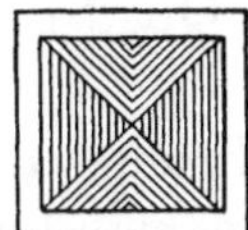

Abb. 17. Der Eindruck der Größe der Quadrate hängt von der Art der Füllung ab.

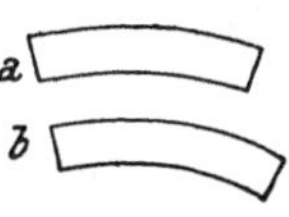

Abb. 18. a und b sind gleich groß, aber b scheint größer als a.

ecken der Abb. 11 eingezeichnete Punkt wird z. B. als viel höher als in der Mitte der Höhe gelegen eingeschätzt, wo er sich in Wirklichkeit befindet (S. 16).

Die Abb. 12 a und 12 b bringen den Vergleich waagrechter paralleler Linien. Im ersteren Fall erscheint die Mittellinie durch Anbringung der zwei kürzeren Begleitlinien kürzer als im zweiten die gleich große durch Zufügung der längeren Parallelen oben und unten.

Die Abb. 13 führt den Namen der „*Müller-Lyer*schen Täuschung". Durch die Art der Begrenzung einer Linie wirkt die gleiche Länge unterschiedlich groß. Jedem naiven Beschauer erscheint die gleich lange Strecke A wesentlich kürzer als B. Dies gilt für die Abbildung schwarz auf weiß oder weiß auf schwarz. Als Grund hiefür wird oft angenommen, daß man, durch die in verschiedener Richtung angebrachten Anhängsel der Linien verleitet, entweder bei der Wanderung des Blickes entlang der Linie über die eigentlichen Endpunkte hinausfährt (B), oder gleichsam abgebremst und zurückgeworfen vor ihnen stehen bleibt (A). Eine physiologische Erklärung *Einthovens* beruht anderseits darauf, daß man beim Fixieren des Mittelpunktes der Linie die Endpunkte indirekt, das heißt auf vom gelben Fleck entfernteren Stellen, sieht und man das verschwommener gesehene Endgebilde der Anhängsel mit den scharfen Endpunkten verwechselt. Die Täuschung nimmt zu, wenn die Zeichnung weiter weggerückt wird, wobei alles in der Region des deutlichen Sehens bleibt (S. 16).

In der Abb. 14 erscheinen die drei gleich langen Strecken a, b, c infolge der Ansätze und des dazwischen eingezeichneten Dreieckes in der Größenfolge a > b > c. (S. 17).

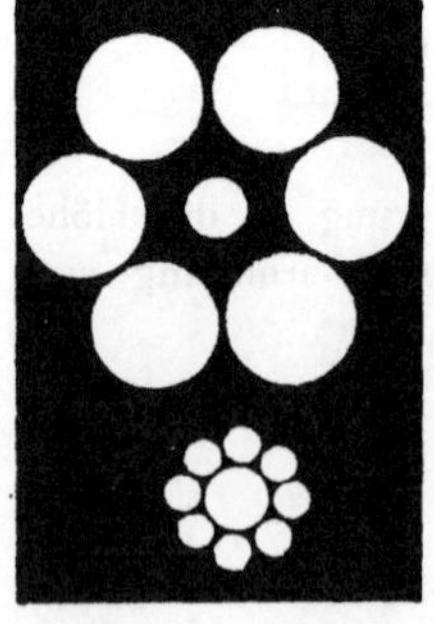

Abb. 19. Die beiden in der Mitte liegenden Kreise sind gleich groß. Sie wirken aber durch die herumgelegten Kreise in ihrer Größe verschieden.

Die rechte Hälfte der Linien beziehungsweise Strecken in Abb. 15, die unterteilt oder ausgefüllt sind, sehen länger aus als die leeren linken.

Ein Quadrat, das von horizontalen Strichen erfüllt ist (Abb. 16), scheint überhöht gegenüber dem gleich großen mit den vertikalen Strichen, das gleichsam in die Breite gezogen ist. Je nach der Art der Füllung (Abb. 17) scheinen die Quadrate verschieden groß (S. 17).

Es ist eine bekannte Erfahrung, daß ein leeres Zimmer kleiner aussieht als ein möbliertes und eine mit einem Tapetenmuster bedeckte Wand größer als eine einfarbig gestrichene.

Die beiden in der Mitte der Abb. 19 gelegenen Kreise sind gleich groß. Die außen herum angebrachten Kreise verschiedener Größe bewirken

3388SSXXZZ

Abb. 20. Die Lettern sind gleich hoch, erscheinen aber nach rechts zunehmend größer.

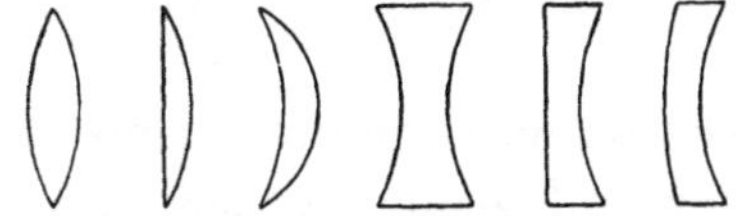

Abb. 21. Die Linsen sind alle gleich hoch, wirken jedoch in der Reihenfolge nach rechts größer.

Abb. 22. Die Männer sind gleich groß. Das perspektivische Liniennetz läßt sie aber rechts wachsen.

Abb. 23. Der angedeutete Straßenzug bewirkt, daß der Ochse links als größer empfunden wird.

aber, daß derjenige in der unteren Darstellung beträchtlich größer erscheint.

Die Kreissegmente in Abb. 18 (S. 17) sind gleich groß. Trotzdem scheint b bedeutend größer zu sein als a. Die Täuschung dürfte hier darauf beruhen, daß man die inneren benachbarten Begrenzungslinien miteinander vergleicht.

In der Letternfolge Abb. 20 gewahrt man die Lettern links kleiner als rechts, obgleich es dieselben Typen sind.

Die gleich hohen Linsen der Abb. 21 erscheinen in der linken Hälfte kleiner.

In der Abb. 22 sind drei gleich große Personen dargestellt. Durch Hinzufügung eines perspektivisch wirkenden Liniennetzes, das gedanklich ein „vorn" und „hinten" schafft, wird sogleich erzielt, daß die Größe der Figuren von links nach rechts zuzunehmen scheint, weil wir uns letztere entfernter vorstellen.

Ebenso sind die beiden Ochsen der Abb. 23 identische Abzüge, aber die nur ganz andeutungsweise Einzeichnung einer Landstraße genügt, um uns das linke Tier größer empfinden zu lassen.

In diesen letzteren Beispielen handelt es sich um rein *gedankliche Täuschungen*, es sind Gedankenarbeit und Urteil, welche die Objekte verschieden groß erscheinen lassen. Da wir *wissen*, daß entferntere Gegenstände kleiner erscheinen, verwandeln wir gedanklich die scheinbar weiter hinten befindlichen in größere.

Bekanntlich ergänzen wir auch fehlende Linienzüge usw. gedanklich leicht und merken zuweilen gar nicht, daß wir dem Augeindruck nachhelfen. Das gilt schon von jeder Silhouette, Skizze oder Zeichnung, die ja immer nur Andeutungen und Hinweise geben können.

Abb. 24. Beine und Füße werden gedanklich ergänzt.

Ein Beispiel sei in der Titelvignette zu dem Roman „Två" von *Karl-Eric Sjöström* in Abb. 24 gebracht, in der unter anderem Beine und Schuhe, die ganz fehlen, uns bei flüchtiger Betrachtung vorhanden zu sein scheinen.

Wer hat nicht oft in seiner Phantasie Gesichter im Mond, menschliche oder tierische Gestalten in Wolken, in Bergsilhouetten, in Baumwurzeln und Felsblöcken usw. zu sehen vermeint?

Das Auge, oder richtiger die durch das Sehen veranlaßte Gedankenwelt, ergänzt jedoch nicht nur und erweitert das unmittelbar Geschaute, *es meldet* anderseits *nicht immer alles*, was es sieht, so, daß es zu unserem speziellen Bewußtsein dringt.

Die wenigsten Menschen, nicht nur Kinder, vermögen anzugeben, was an den Wänden der Zimmer hängt, die sie ständig bewohnen.

Es ist bekannt, daß sehr viele nicht wissen, ob ihre Taschenuhren, auf die sie täglich ungezählte Male schauen, arabische oder römische Ziffern haben, ob sie aufrecht oder etwa in der unteren Hälfte auf dem Kopf stehen, und es ist ein beliebter Scherz, jemand zu fragen, wie der Sechser auf seiner Uhr mit Sekundenzeiger aussieht.

Wenn man Leser von Drucksachen, die in deutschen Lettern gesetzt sind, auffordert, einen großen deutschen Buchstaben ohne Vorlage zu zeichnen, sind sie so gut wie immer außerstande, es zu tun, sie mögen ihn täglich noch so oft gesehen haben. Die meisten Leute versagen darin schon bei den kleinen Buchstaben usf. usf.

Diese wenigen Beispiele mögen für den Nachweis ausreichen, daß wir zur Erfassung der Eindrücke oft mehr brauchen als gedankenloses oder aufmerksamkeitsarmes Anschauen. Sie mögen didaktisch auch darauf hinweisen, daß allzuoftes Wiederholen die Eindrücke nicht vertieft, sondern vielmehr verblassen läßt. Man wechsle z. B. die Wandtafeln in Schulzimmern öfters u. dgl.

2. Richtungstäuschungen.

Ein Beobachter irrt sehr leicht, wenn er sich in relativer Bewegung zum betrachteten Gegenstand befindet. Vom fahrenden Zug aus, vom Schiff oder vom Flugzeug erscheinen uns z. B. gerade, waagrechte oder senkrechte Linien nur in derjenigen Stellung des Auges als solche, bei der weder Erhebungen noch Wendungen, Neigungen oder Drehungen stattfinden. Andernfalls scheint die Umwelt etwa bei Neigungen schief zu stehen. Gerade Linien, wie z. B. Ackerfurchen oder Straßen, erscheinen gekrümmt, wenn man sie vom fahrenden Zug aus anschaut. Nur solche Linien, die ständig durch den Hauptblickpunkt gehen, sehen gerade aus. Daß man im Eisenbahnwaggon sitzend, wenn man auf einen Zug auf dem Nebengeleise blickt, oft nicht weiß, ob der eigene Zug oder der andere sich in Fahrt setzt oder zum Stillstand kommt, ist allbekannt.

Abb. 25a.
Zöllnersche Täuschung.

Aber auch für den ruhenden Betrachter können besonders bestimmte Linienzüge und -kombinationen ganz auffallende Richtungstäuschungen verursachen.

Die tatsächlich parallelen Geraden der „*Zöllner*"schen Anordnung (Abb. 25a) erscheinen durch Einfügung der kurzen, kreuzenden Striche so stark gegeneinander geneigt, daß kein unbeeinflußter Beobachter zunächst deren Parallelität glauben will. Dies gilt für einäugige Betrachtung ebenso wie für zweiäugige.

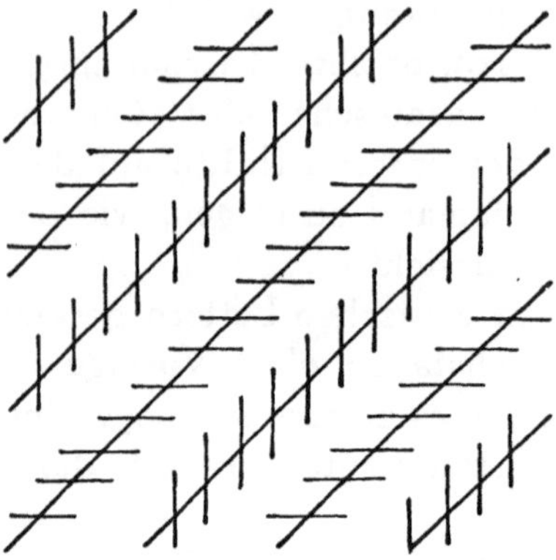

Um die volle Wirkung zu erzielen, muß das Blatt mit den Parallelen senkrecht zur Blickrichtung gehalten werden.

Hält man das Blatt waagrecht vor sich, so daß die Parallelen *in die Blickrichtung* fallen, so verschwindet die Wirkung, die Linien bleiben parallel.

Ändert man den Winkel, unter dem die Querstriche die Parallelen schneiden — in der Abb. 25 c tun sie es unter 45^0 —, z. B. wie in den Bildern der Abb. 25 b und d, für 30^0 und 60^0, so steigert sich die Wirkung mit der Spitzigkeit des Winkels.

Die Wirkung ist anscheinend stärker, wenn die Querstriche nicht bis zur Vereinigung verlängert sind, vermutlich weil dann dem Auge beim Entlanggleiten an den Linienstücken noch jede Kontinuität entzogen wird.

Verwandte Wirkungen zeigen die Abb. 27 und 28. Die parallelen Hauptlinien erscheinen durch die Zusatzlinien, je nach deren Anordnung, in der Mitte auseinanderzutreten oder sich dort zu verengern (S. 24).

Abb. 25 d. Querstriche unter 60^0.

Abb. 25 c. Querstriche unter 45^0.

Abb. 25 b. Querstriche unter 30^0.

Zöllnersche Täuschung. Die langen Linien sind parallel, ob man es glaubt oder nicht. Die Wirkung steigt mit der Spitzigkeit der Winkel.

Sehr frappant sind auch die Wirkungen in den Abb. 29 und 30 (S. 24).

In allen diesen Fällen muß, wie dies zu den Abb. 25 und 26 schon bemerkt wurde, die Blickrichtung senkrecht zu den Hauptlinien gehalten

Abb. 26a.
Zickzackmuster, Winkel von 30° gegen die Hauptlinien.

Abb. 26b.
Die Wirkung ist stärker, wenn die Querlinien nicht zusammenstoßen.

Die Wirkungen in Abb. 25 und 26 verschwinden, wenn man die Linien nicht senkrecht zum Blatt betrachtet, sondern dieses waagrecht hält und in der Richtung der Hauptlinien blickt.

werden. Dreht man die Bilder so, daß man sie waagrecht in der Blickrichtung zu den Parallelen anschaut, so verschwinden die Störungen durchaus.

Sieht man in einem dunklen Raum gegen eine helle senkrechte Linie und neigt dann den Kopf gegen die Schulter, so scheint die Linie in entgegengesetzter Richtung gedreht.

Eine andere Wirkung ist in Abb. 31 dargestellt. Zwei sich schneidende Gerade werden durch das eingezeichnete Strahlenbündel scheinbar gebogen oder gebrochen. In der Regel werden spitze Winkel überschätzt, und das mag hier hereinspielen.

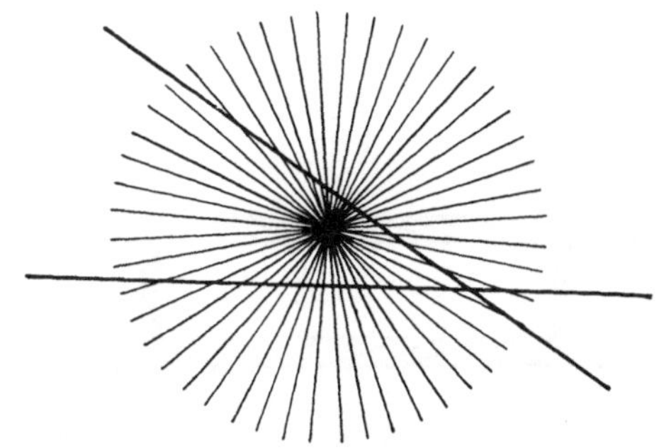

Abb. 31. Durch die Sternlinien wirken die sich schneidenden Geraden verbogen.

In den Abb. 32 und 33 befinden sich in einer Schar von Kreisen ein Quadrat und ein gleich-

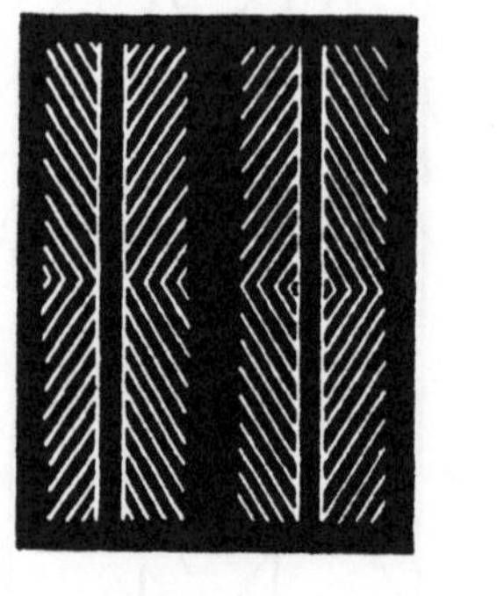

Abb. 27a.

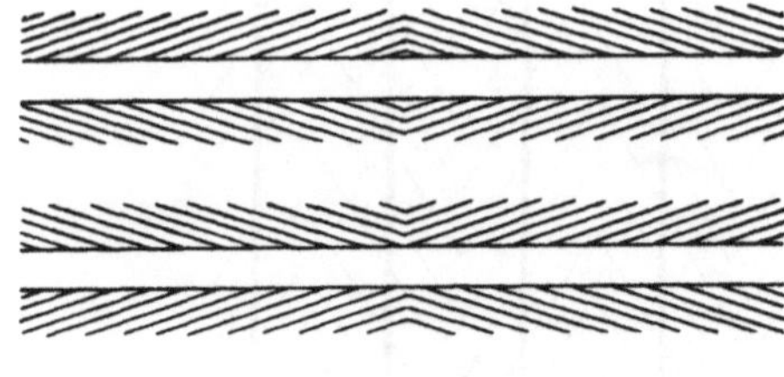

Abb. 27b.

Abb. 27. Die parallelen mittleren Linien scheinen in der Mitte ausgebaucht oder eingedrückt.

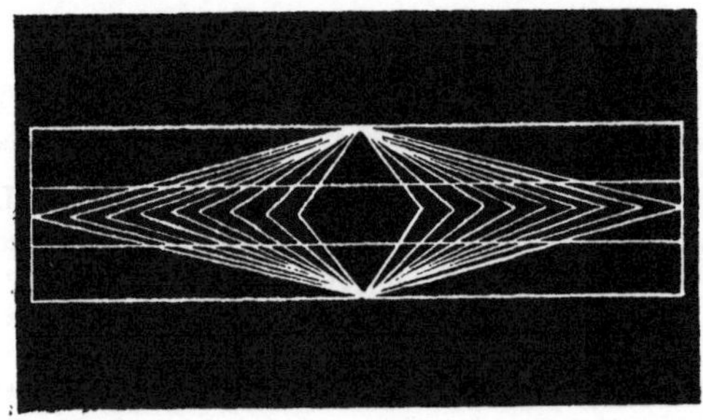

Abb. 28. Variation zu Abb. 27.

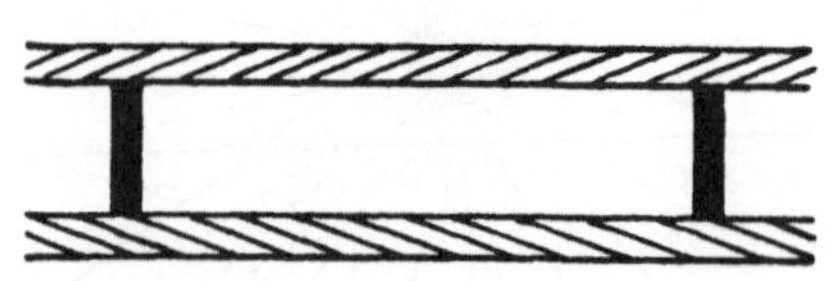

Abb. 29. Jeder glaubt, daß die parallelen Balken nach rechts zu konvergieren.

Abb. 30. Der untere Teil scheint verdrückt und verworfen, aber es sind nur abwechselnd weiße und schwarze Quadrate zwischen parallelen Linien vorhanden.

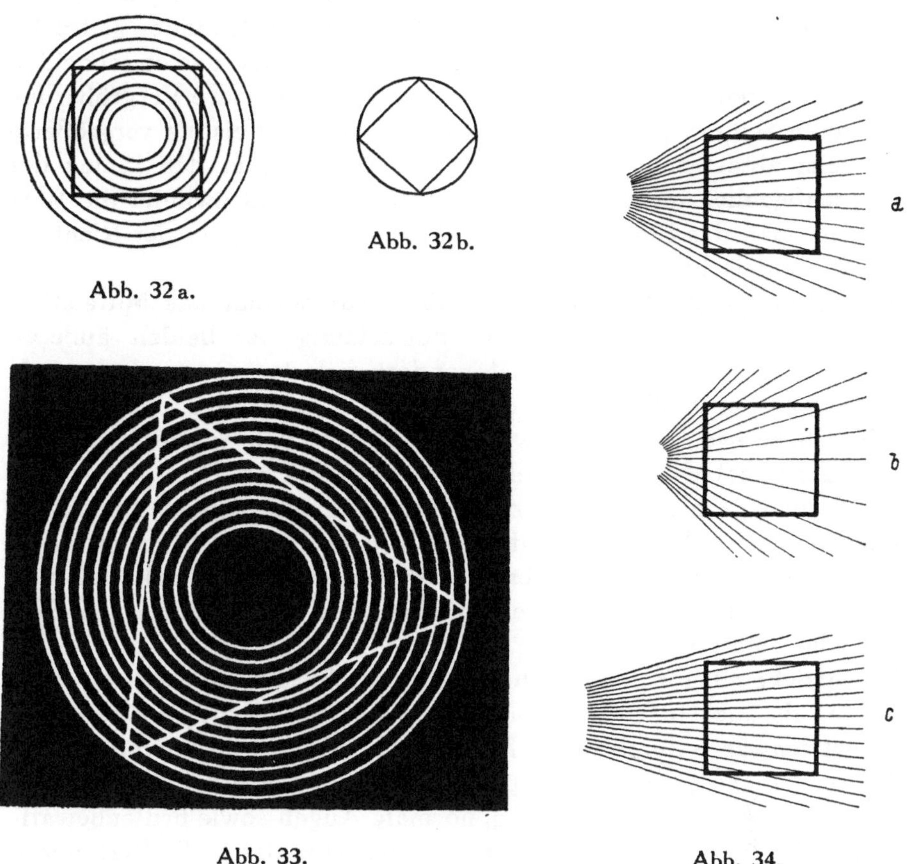

Abb. 32b.

Abb. 32a.

Abb. 33.

Abb. 34.

Abb. 32a. Die Quadratseiten scheinen nach innen eingebogen.

Abb. 32b. Durch Einzeichnung des Quadrates erscheinen die Kreisquadranten ausgewölbt, der Kreis wird zum Knödel. Ähnlich wirken auch andere eingeschriebene Figuren, wie Dreiecke, Sechsecke usw.

Abb. 33. Die Dreieckseiten scheinen einwärts eingebogen. Bei kleinen Augenbewegungen glaubt man, daß die Ringe der Abb. 32 und 33 kreisen.

Abb. 34. Quadrat von einem Linienbündel durchschnitten,

a) Zentrum des Bündels eine Quadratseite entfernt.

b) Zentrum eine halbe Quadratseite entfernt. Stärkste Wirkung.

c) Zentrum zwei Quadratseiten entfernt. Schwächere Wirkung.

Der Eindruck ist bei einäugiger Betrachtung ebenso stark als bei zweiäugiger, auch von links oder rechts her angesehen der gleiche, wenn das Blatt senkrecht zur Blickrichtung ist. Horizontal gehalten werden die Quadratlinien parallel, auch bei Verdrehung, wenn man z. B. in diagonaler Richtung schaut. Der Presbyope, der die Büschellinien ohne Brille nicht scharf sieht, nimmt die Figur ohne Augenglas als normales Quadrat wahr.

seitiges Dreieck eingezeichnet. Trotzdem ihre Begrenzungen ganz geradlinig verlaufen, erscheinen ihre Seiten in den Mitten gegen innen gedrückt.

Das Quadrat Abb. 34 wird durch das Linienbündel, das es schneidet, scheinbar zu einem Trapez umgestaltet. Für die scheinbare Vergrößerung seiner linken Seite mag die von den Augenmuskeln geleistete vergrößerte Arbeit beim abtastenden Entlangfahren des Blickes in den Linien des Bündels maßgeblich in Frage kommen. Auch hier verschwindet die Wirkung, wenn man das Blatt horizontal hält und das Auge in der Richtung des Linienbündels blicken läßt.

In der *Poggendorff*schen Figur (Abb. 35 a) scheint das Mittelstück der kreuzenden Geraden nicht die Fortsetzung der beiden äußeren Stücke zu sein, die es tatsächlich ist, sondern sich dagegen zu drehen, als ob es einen größeren Winkel mit den Balken einschlösse.

Ähnlicherweise fällt es schwer, in der Abb. 35 b auszusagen, ob a oder b die Fortsetzung der Geraden sei.

Zieht man schräge Querstriche durch einen dicken Strich, so scheinen die tatsächlich durchlaufenden Striche in ihren Stücken rechts und links verschoben. Die scheinbare Verschiebung ist so stark, daß man den Eindruck hat, daß die rechten Hälften eher in die Mitte von zwei linken zielen, statt Fortsetzungen zu sein (Abb. 35 c).

Das gleiche gilt für dickere Querleisten (Abb. 35 d), sowohl schwarze wie weiße, als auch für weiße Querleisten durch schwarze Balken oder umgekehrt schwarze durch weiße Längslinien, doch ist im letzteren Falle die Wirkung nicht ganz so ausgeprägt. Dies gilt gleichermaßen für einäugige oder zweiäugige Betrachtung, normale Augen sowie brillenbewaffnete. Bei scharfem Fixieren einzelner Querstriche, das heißt Verhindern des Auges am Herumwandern, verschwindet die Täuschung.

Bei nahe horizontal gehaltenem Blatt und Blick in der Längsrichtung werden die Hauptbalken parallel (vgl. *Zöllner*sche Täuschung, S. 22) und auch die Querstriche erscheinen weniger oder gar nicht verschoben.

Alles dies kann zu sehr häßlichen, störenden Verzerrungen führen und muß von Zeichnern und Malern wohl beachtet werden.

3. Gestalts- und Formtäuschungen.

In den Abb. 32, 33, 34 handelt es sich bereits um *Gestalts-* und *Formtäuschungen.*

Auch die Abb. 36 a und 36 b bringen dafür Beispiele. Das Doppelquadrat der Abb. 36 a erweckt den Eindruck, als hätte es links unten einen spitzen Winkel, und der Kreis in Abb. 36 b, Abb. 36 c scheint von links her eingedrückt.

Im höchsten Maß erstaunlich wirkt die „*Spiraltäuschung*“ (Abb. 37). Jedermann sieht in dieser Abbildung Spiralen. In Wirklichkeit handelt es sich um konzentrische Kreise, wovon man sich durch Umfahren einer

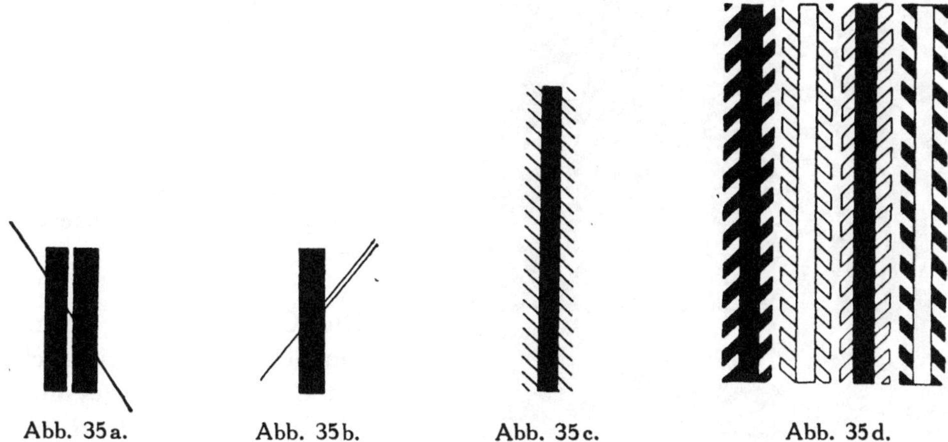

Abb. 35a. Abb. 35b. Abb. 35c. Abb. 35d.

Abb. 35a. Poggendorffsche Figur. Das Mittelstück im weißen Streifen scheint nach links verdreht.

Abb. 35b. Welches Linienstück rechts ist die Fortsetzung des linken? Bei abwechselndem Schließen des linken oder rechten Auges springen die Linienstücke rechts abwechselnd in die Fortsetzungsrichtung.

Die Täuschungen 35a und 35b verschwinden, wenn man das Blatt so hält, daß man genau in die Richtung der Linien schaut.

Abb. 35c. Schräge Querstriche durch einen dicken Strich erscheinen gebrochen.

Abb. 35d. Schräge Querbalken durch schwarze oder weiße Balken.

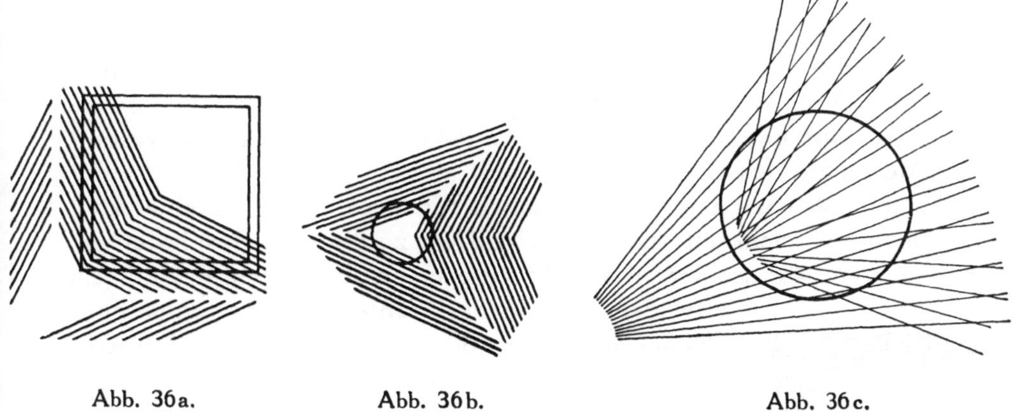

Abb. 36a. Abb. 36b. Abb. 36c.

Abb. 36a. Zuspitzung eines Winkels durch Zusatzlinien.

Abb. 36b. Eindrückung eines Kreises durch Zusatzlinien.

Abb. 36c. Der Kreis erscheint auf der linken Seite eingedrückt. Ein wenig von der rechten Seite her betrachtet, ist die Wirkung stärker.

Abb. 37. Spiraltäuschung.

Kreisbahn mit der Bleistiftspitze oder dem Finger überzeugen kann. Aber es bedarf wahrhaftig dieses Überzeugungsmittels, damit man es auch glaubt. Dieses Beispiel zeigt uns mit besonderer Eindringlichkeit, wie vorsichtig das von unseren Augen „Gesehene" zu bewerten ist.

Die Gestalts- und Formtäuschungen hängen gewiß auch mit der Bauart des Auges und der Struktur der Netzhaut zusammen, doch soll darauf hier nicht näher eingegangen werden. Es sei nur noch in Abb. 38 auf eine eigenartige Erscheinung hingewiesen: Das Bild enthält eine größere Anzahl kleiner, runder, weißer Kreisflächen auf schwarzem Grund. Man hat aber den Eindruck, es seien kleine Sechsecke wie in den Bienenwaben.

4. Umkehrungen.

Wir sind gewöhnt, die näheren Kanten eines Gegenstandes deutlicher zu sehen als die entfernteren. Sind aber alle Begrenzungslinien einer Figur gleich deutlich, dann fällt die Entscheidung darüber, was vorne, was hinten sich befindet, schwer und es ergibt sich die Möglichkeit der sogenannten „Umkehrungen". Wir besitzen z. B. die Fähigkeit, in den Abb. 39 a und b willkürlich das eine Mal die Kante AB, das andere Mal die Kante CD vorne zu sehen, die Figur umzustülpen. Das läßt uns erkennen, daß wir uns näher darum erkundigen müssen, was die wesentlichen Merkmale des Gegenstandes sind.

Daher fragen wir uns, was für einen Eindruck eigentlich eine *Konturenzeichnung* macht, und bemerken, daß wir zu dreierlei Resultaten gelangen können. Wir „sehen", das heißt wir bringen zu unserem Bewußtsein entweder die von dem Linienzug *eingeschlossenen Flächen* und damit den von diesen begrenzten *Körper* oder die *äußeren Begrenzungsflächen* oder nur den *Linienzug* als solchen. Auch die Vorstellung über Durchsichtigkeit oder Undurchsichtigkeit des betrachteten „Körpers" ist gleichermaßen, ob wir die Zeichnung schwarz auf weiß oder weiß auf schwarz vor uns haben, von der Art der Zuwendung der Aufmerksamkeit und unserer Phantasie abhängig.

Abb. 38. Kreise als Sechsecke wie Bienenwaben gesehen.

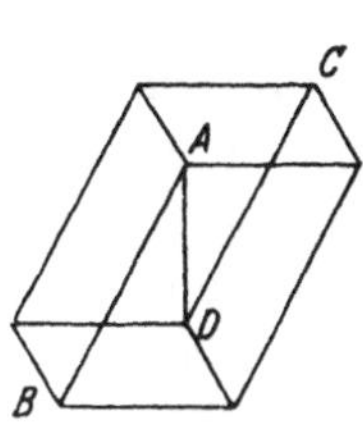

Abb. 39a.

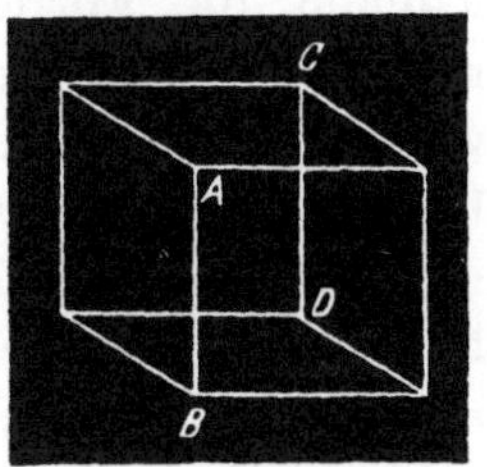

Abb. 39b.

Neckersche Umkehrungsfiguren

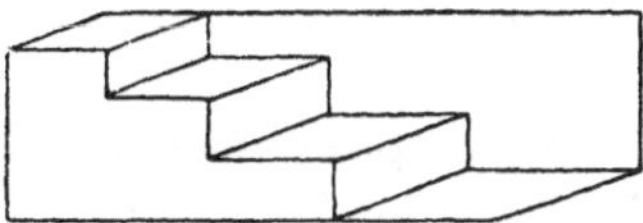

Abb. 40a.

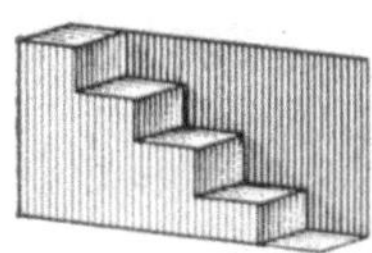

Abb. 40b.

Das ist eine Treppe, die auch als überhängender Mauervorsprung angesehen werden kann.

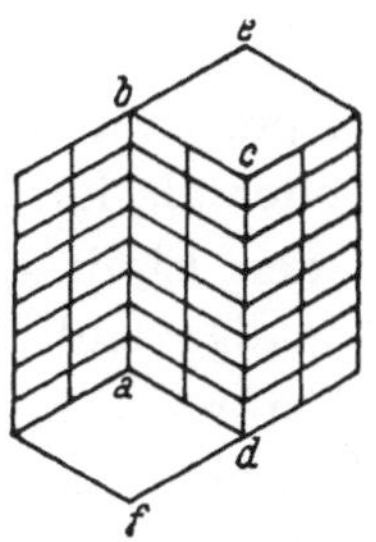

Abb. 42. Wundtsche Figur.

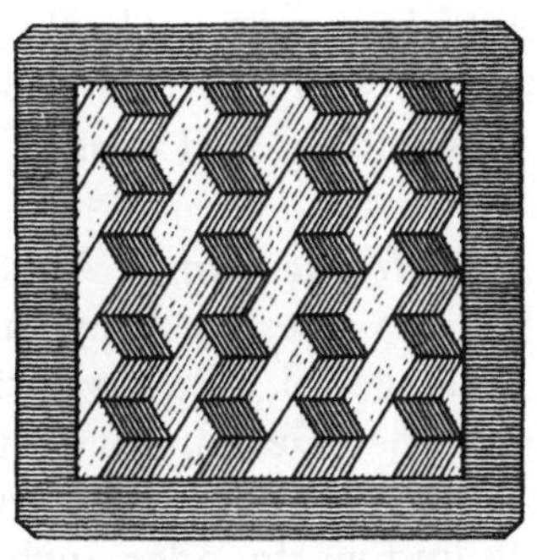

Abb. 41. Umkehrfigur.

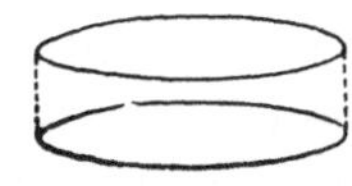

Abb. 43. Wundtscher Ring.

So kann in Abb. 39, der sogenannten „*Necker*schen“ Figur, der Eindruck entstehen, die Vorderwand sei durchsichtig und die Hinterwand massiv und wie erwähnt, kann die eine oder die andere „Fläche“ vorne gesehen werden. Solange die Aufmerksamkeit nur auf *eine* Fläche gerichtet ist, das heißt nicht von der Umgebung abgelenkt wird, erscheint uns diese massiv. Konzentrieren wir uns weniger auf den einen Anblick, so entsteht der Eindruck geringerer Festigkeit, Geschlossenheit, Flächenhaftigkeit, was zur Vorstellung der Durchsichtigkeit hinleitet. Daraus wird die Verschiedenartigkeit der Beschreibung dieser Figur durch naive Beobachter erklärlich: einerseits als Schachtel, anderseits als massiver Block oder auch als Liniengebilde, Drahtgestell, als Gegenstand aus teils durchsichtigem, teils undurchsichtigem Material. Das jeweils gedanklich nach hinten versetzte Viereck der Figur wird dabei als das größere gesehen, die Linien dorthin divergierend.

In analoger Weise kann in Abb. 40 a, b, der „*Schröderschen Treppe*“, das Bild als Treppe oder als überhängender Mauervorsprung gesehen werden, wobei durch entsprechende Schattierung der eine oder der andere Eindruck bevorzugt werden kann.

Gleichartige Erscheinungen der umkehrbaren perspektivischen Täuschungen zeigen die Abb. 41 und 42, die als „*Wundtsche Figur*“ bezeichnet werden. Das zum Bewußtsein gelangende Bild hängt davon ab, ob man mit dem Blick aufwärts oder abwärts geht und welchen Punkt a, c, f . . . oder welche Kante ab, cd . . . man zuerst fixiert. Dann erscheint das eine oder das andere Prisma erhaben oder vertieft.

Modeln, eingeschnitzte negative Matrizen für die Lebkuchenbäcker, für Herzen und Reiter, für biblische Darstellungen und vielerlei anderes dergleichen können bei richtiger Beleuchtung leicht willkürlich vom Betrachter „umgekehrt“ gesehen werden, das heißt so, daß die Darstellung plastisch, positiv hervortritt. Die dunklen Flecken im Mond können als Gebirge oder als Krater gesehen werden.

Für den Eindruck, den wir empfangen, ist nach *Wundt* die Blickstellung maßgebend, nach *Helmholtz* die Vorstellungsgabe.

Nach allem vorstehend Angeführten scheint aber wohl auch die Art und Reihenfolge des „Abtastens“ und Entlanggleitens an den Linien beim Einzelbildereinsammeln durch das Auge zum Gesamtbild und dessen Bewegungen von größter Bedeutung zu sein.

So wird unter anderem der sogenannte „*Wundtsche Ring*“, Abb. 43, von unbefangenen Beobachtern, die man befragt, als eiserner Ring, massiver Klotz, Karton, Schachtel, Blechdose, Glasgefäß, durchsichtiger Hornring, durchsichtige Konservendose, leeres offenes Gefäß, Serviettenring, Trommel usw. bezeichnet. Man kann dabei nach Willkür die oberste und vorletzte Kurve vorne sehen oder die zweite und vierte, oder auch die zwei mittleren oder die zwei äußeren.

Ursache dieser Vieldeutigkeit mag wohl sein, daß wir alle Dinge im Vergleich mit anderen uns wohlbekannten betrachten und sie nach unserem Vorstellungsvorrat in den Raum einordnen. Art, Richtung und Folge des Erfassens spielen aber gewiß dabei auch eine maßgebliche Rolle.

C. Bewegungstäuschungen.

Es wurden bereits auf S. 21 „Bewegungstäuschungen" erwähnt, wobei dort Gestalts- und Richtungsänderungen infolge von Bewegungen des Beobachters gemeint waren. Eine andere Bedeutung des Wortes, im Sinne der *Vortäuschung von Bewegungen* sei hier noch kurz besprochen. Natürlich denken wir dabei an den normalen nüchternen Menschen, nicht etwa an einen durch Alkohol oder andere Mittel selbst aus dem Gleichgewicht gebrachten.

Wenn wir in einem Eisenbahnzug sitzen und schauen durch das Fenster auf einen anderen auf dem Nachbargeleise, ohne die weitere Umgebung zu betrachten, so wissen wir, wenn einer der beiden Züge sich in Bewegung setzt, oft nicht, ob es der eigene oder der andere ist.

Bei Eisenbahnkurven ist der Bahndamm gegen das Kurveninnere abgeböscht, geneigt. Während der Fahrt sitzt man an solchen Stellen nicht vertikal, sondern senkrecht zum Bahndamm im Coupé. Schaut man zum Fenster hinaus, so scheinen die Häuser, Telegraphenstangen usw. schief zu stehen.

Wenn wir aus einem fahrenden Zuge auf die vorbeistreichende Landschaft blicken und dann wieder ins Coupé, so „bewegen" sich im ersten Augenblick danach die Gegenstände scheinbar in verkehrter Richtung. An die relative Bewegung gewöhnt, will der Beschauer auch nach Aufhören derselben infolge eines gewissen Beharrungsvermögens im Vorstellungsprozeß die Gegenstände in derselben Weise fixieren und muß sich nun erst wieder in den Zustand relativer Ruhe der Objekte im Normalverhalten zurückführen.

Die Relativität der Vorstellung der Bewegung kam besonders drastisch in der „verhexten Schaukel", die man an Volksbelustigungsstätten antreffen konnte, zum Ausdruck. Man saß dort z. B. auf einem Stuhl auf einer in Wirklichkeit immer in Ruhe bleibenden verdeckten Achse, die durch einen geschlossenen, zimmerartig eingerichteten Raum gelegt war. Der ganze Raum schwang als Schaukel um die Achse und rotierte zuletzt sogar ringsum, so daß alles auf dem Kopf zu stehen schien. Dabei hatte man alle Empfindungen — bis zur vollen Seekrankheit —, als würde man selbst geschaukelt, obwohl man tatsächlich die ganze Zeit völlig ruhig und unbewegt dasaß.

Eine andere Art der Vortäuschung von Bewegungen erhalten wir durch gewisse Linienzüge (Abb. 44 und 45).

Bewegen wir die Abb. 44 nur ein wenig im Kreise herum, so scheinen die Kreise und Räder zu rotieren, und zwar in entgegengesetzter Richtung

Abb. 44. Kreisende Ringe und Räder. Zur Einleitung des Kreisens muß das Blatt leicht in Bewegung gesetzt werden.

Abb. 45. Kreisende Spirale.

als das ganze. Ein geringes Hin- und Herbewegen oder Kreisen der Abb. 45 bewirkt je nach der Richtung ein scheinbares Hinauslaufen oder ein zum Zentrum Zurücklaufen der Spirale.

Auch in den Abb. 32 und 33, S. 25, kann bereits durch kleine Bewegungen ein Kreisen der Ringe vorgetäuscht werden.

Aus allen den angeführten Beispielen dürfen wir schließen, daß nicht allein die rein geometrischen Eindrücke für unsere Vorstellungen des „Gesehenen" maßgebend sind. Erfahrungen, Analogieurteile auf Grund bekannter Tatsachen, Erziehung und Gewöhnung, Konvention und Vorurteile, Umgebung und geistige Anleitung, Ableitung und Ablenkung spielen ebenso wie die Struktur unserer Augen und das Zusammenwirken beider Augen — worauf noch zurückzukommen ist — eine wichtige, oft entscheidende Rolle.

Alles dies ist für den Maler wichtig zu wissen, der daraus seine Konsequenzen ziehen mag — ebenso aber auch für den Konstrukteur, der weder dadurch selbst irregeführt werden noch andere irreführen soll.

Ehe wir jedoch auf weiteres eingehen, sollen nunmehr einige wenige Grundsätze der geometrischen Perspektive und einige Andeutungen über den Bau des Auges eingeschaltet werden.

Einige Grundsätze der geometrischen Perspektive

Das Licht breitet sich von einer strahlenden Quelle, der Sonne, den Gestirnen oder künstlichen Beleuchtungsvorrichtungen *geradlinig* nach allen Richtungen aus. Trifft dieses primäre Licht auf einen Körper, so wird es teilweise verschluckt, absorbiert, teilweise zurückgeworfen, reflektiert, und die betreffenden Gegenstände werden sichtbar, indem von ihnen Licht, wiederum geradlinig nach allen Seiten, in den umgebenden Raum gestrahlt wird. Richtungsänderungen der Lichtstrahlen können unter Umständen zwar auch durch Brechung oder Beugung hervorgerufen werden, doch spielen diese für die folgenden Betrachtungen eine untergeordnete Rolle, so daß darauf hier nicht eingegangen werden soll.

Die geradlinige Ausbreitung der Strahlen ist auch die Ursache aller *Schattenbildungen*, indem hinter einem undurchsichtigen Gegenstand die Fortsetzung der Strahlen fehlen muß.

Ist die Lichtquelle, z. B. die Sonne, sehr weit (man sagt: unendlich weit) entfernt, so werden alle von dort stammenden Strahlen parallel auf die Gegenstände auffallen; von einer nicht zu weit (in endlicher Entfernung befindlichen) Lampe oder einem kleinen leuchtenden Objekt ausgehend divergieren sie.

Auf der geradlinigen Fortpflanzung des Lichtes beruht die Konstruktion der *Lochkamera* (Abb. 46). Nehmen wir wie in Abb. 46 einen beleuchteten oder selbstleuchtenden Pfeil (ab), von dem jeder Punkt durch das Loch o auf die Rückwand strahlt, so erhalten wir dort ein verkehrtes und, wenn das Loch o klein ist, scharfes Bild des Pfeiles. Die *Bildgröße* hängt ab von der Entfernung des leuchtenden Gegenstandes vom Loch (c bis o) und derjenigen des Schirmes (o bis c'), indem ab/a'b' = co/c'o ist. Die *Helligkeit* ist der Lochgröße proportional, durch ein größeres Loch kann eben mehr Licht eintreten, jedoch ist die *Bildschärfe* derselben verkehrt proportional, da ja von a aus z. B. nicht nur durch das Zentrum von o Strahlen gehen, sondern auch durch die vom Mittelpunkt des Loches entfernteren Punkte desselben. Dadurch gelangen sie an Punkte des Schirmes B, die nicht genau in a' liegen, sondern nur in dessen Nachbarschaft, es tritt eine gewisse von der Lochgröße abhängige Streuung und Verwischung auf.

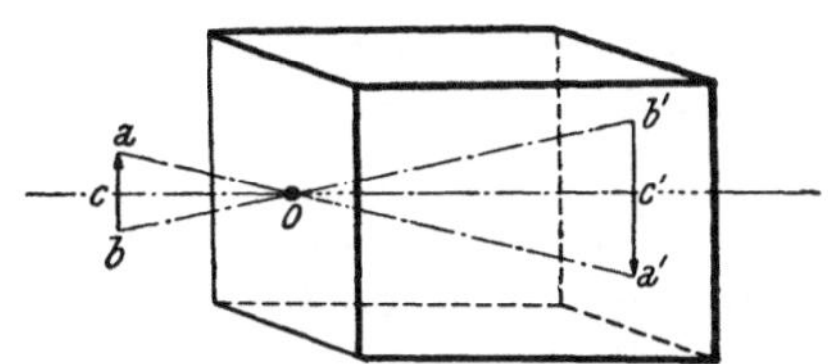

Abb. 46. Abbildung eines Gegenstandes durch eine Lochkamera.

Für gewöhnlich nehmen wir die Aufnahmetafel hier wie bei jeglichem Abbilden senkrecht zum Hauptstrahl. In diesem Falle erscheinen Vertikale immer parallel und da dies unserem ästhetischen Empfinden am besten entspricht, wird von dieser Wahl nur in besonderen Fällen abgegangen. Auch wenn jemand eine Zeichnung oder ein Bild anfertigt oder betrachtet, wählt er zweckmäßig dieses Verhalten. Liegt eine Darstellung horizontal auf dem Tisch und man beugt sich dazu herunter (Blickrichtung nach unten, senkrecht zum Gegenstand) — oder wenn man allgemeiner ein Bild in schräger Richtung anschaut —, immer reduziert man unbewußt gedanklich auf den Fall: horizontale Blickrichtung gegen vertikale Bildebene. Sonst käme eine ganz andere Perspektive heraus. Bewegt man sich etwa seitlich zu einem an der Wand befindlichen Bilde, so daß die Bildebene nicht senkrecht zum Augstrahl bleibt, so ändert sich dementsprechend der Eindruck.

Halten wir jedoch die Zeichenebene B geneigt, so daß der obere Teil dem leuchtenden Gegenstand näher steht als der untere, so erscheinen die Vertikalen aufwärts konvergierend (Abb. 47), bei entgegengesetzter Neigung divergierend (Abb. 48).

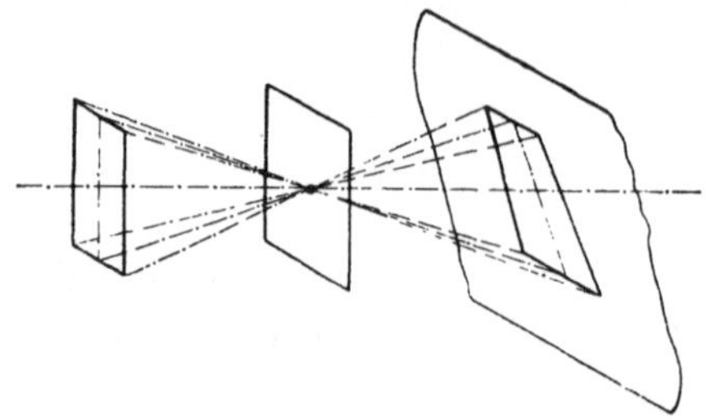

Abb. 47. Projektion auf eine der Blickrichtung zugeneigte Ebene.

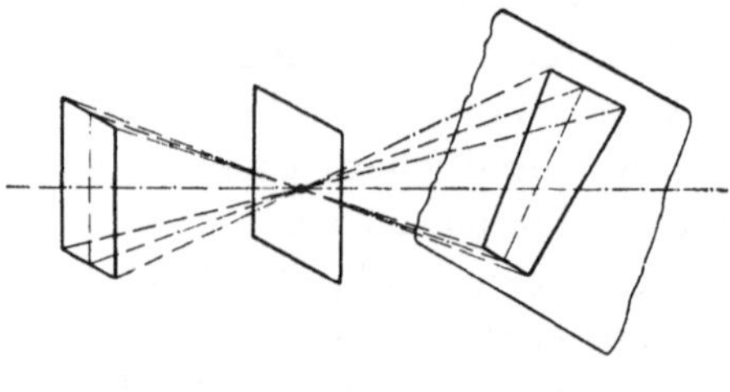

Abb. 48. Projektion auf eine von der Blickrichtung weggewandte Ebene.

Ein besonders im Sommer leicht zu beobachtendes Beispiel für die Abbildung auf einer Fläche, die zum Hauptstrahl geneigt ist, sind die kleinen elliptischen *Sonnenbildchen,* die entstehen, wenn die kreisrunde Sonnenscheibe durch kleine Löcher, Zwischenräume im Laub der Bäume (lauter kleine Lochkameras!) auf dem zur Strahlenrichtung nicht senkrechten Erdboden abgezeichnet werden.

Haben wir einen Gegenstand bildlich darzustellen, so lassen wir gleichsam vom Auge *„Sehstrahlen"* ausgehen, die den vom Objekte kommenden Lichtstrahlen durchaus reziprok sind. Die Gesetze für solche Sehstrahlen sind daher die gleichen wie die für die Lichtstrahlen.

Für die Probleme der geometrischen Perspektive haben wir uns immer vorzustellen, wir sähen nur mit *einem Auge,* dessen *Blickrichtung starr* (meist in der Horizontalen) *festgehalten* wird und das *für alle Entfernungen scharf* eingestellt ist.

In erster Annäherung können wir dies mit der Konstruktion der *Camera obscura* vergleichen, das heißt einer mit einer Linse oder einem Linsensystem versehenen Lochkamera oder einem *photographischen Apparat,* der auf „unendlich" eingestellt ist. (Gleichzeitig für „nahe" und „fern" scharfe Bilder auf der Mattscheibe beziehungsweise der photographischen Platte oder dem Film zu entwerfen, vermögen allerdings solche Apparate im allgemeinen nicht und ihre Reproduktionen sind unmittelbar mit den geometrisch-perspektivischen Konstruktionen nur für den Fall sehr starker Abblendungen, sehr kleiner „Pupille", völlig vergleichbar.)

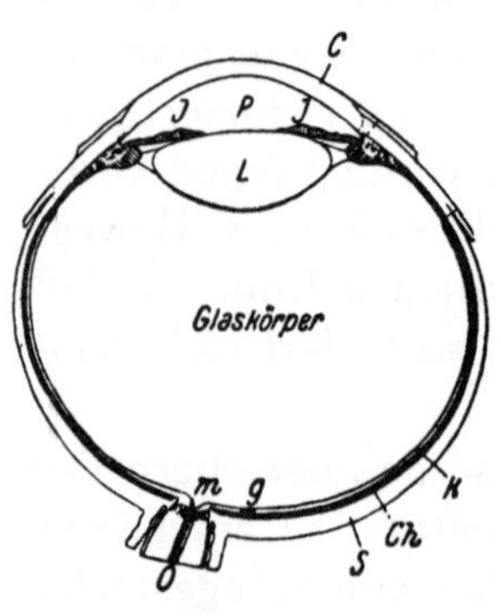

Abb. 49. Skizze des Auges.

Es sei auch gleich hier, wenn auch nur ganz skizzenhaft, auf den Bau des Auges eingegangen (Abb. 49).

Der Augapfel ist außen von der harten „Hornhaut" *(Sclerotica)* umgeben. Dieser und der darunterliegenden „Aderhaut" (Choroidea), welche zur Verminderung der diffusen Reflexionen im Augeninneren mit dunklen Pigmentzellen besetzt ist, entspricht die dunkel ausgekleidete Hülle der *Camera obscura*. Hornhaut und Aderhaut werden durch die Eintrittsstelle des Sehnerven O unterbrochen. In dem in der Blickrichtung vorne gelegenen Teil des Auges bildet sich die harte Haut zur durchsichtigen, vorgewölbten „*Cornea*“ (C) aus, die Aderhaut zur „Regenbogenhaut“ oder „*Iris*“ (J), die nur die „*Pupille*“ offen läßt. Ihre Stelle vertritt beim *photographischen Apparat* das kreisförmige, *durch Blenden verkleinerbare Sehloch*.

Das *Linsensystem* des Auges besteht aus drei brechenden Flächen, nämlich

1. der gegen den einfallenden Strahl konvexen Fläche der Cornea,
2. der vorderen konvexen Fläche der „Linse“ (L) und
3. der konkaven Hinterfläche derselben beim Glaskörper (Abb. 50).

Für alle Berechnungen läßt sich dieses System vereinfachen durch das sogenannte „*reduzierte Auge*“ (Abb. 51) mit einer einzigen brechenden Fläche.

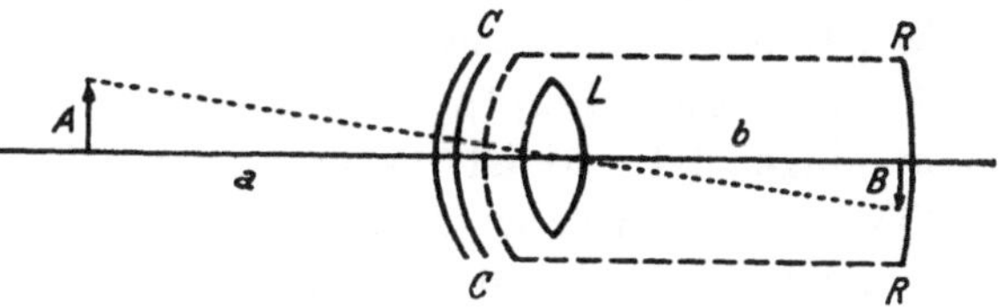

Abb. 50. Die brechenden Flächen des Auges. C = Cornea, L = Linse. $1^1/_2$ fach natürlicher Größe.

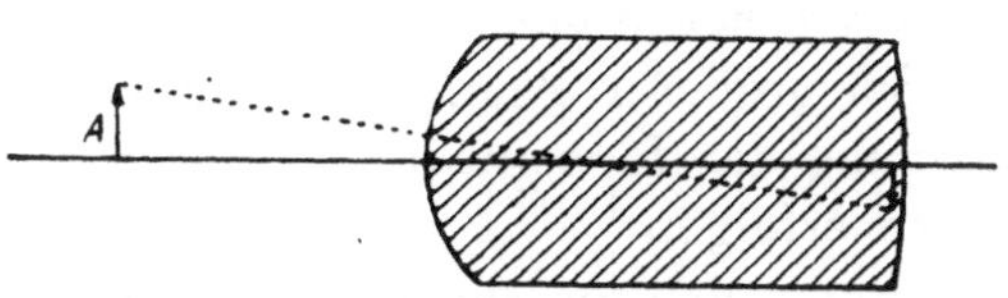

Abb. 51. Schema des reduzierten Auges. $1^1/_2$ fach natürlicher Größe.

Hinter der Linse befindet sich der gallertartige „*Glaskörper*“, der bis an den Hintergrund des Innenauges reicht. Dort breitet sich als eigentliche Sehfläche aus dem Sehnerv die „*Netzhaut*“ („*Retina*“) R aus. Sie ist von zahlreichen Sehorganen, den „Stäbchen“ und „Zapfen“, als ihren lichtempfindlichen Endapparaten besetzt, und zwar am dichtesten an der Stelle der „*Fovea*“, dem „*gelben Fleck*“ g. Hingegen finden sich an der tatsächlichen Eintrittsstelle des Sehnerven bei m keine derartigen Endorgane und diese Stelle ist der lichtunempfindliche „*blinde Fleck*“.

Um scharf zu sehen, stellt sich das Auge so ein, daß das Bild auf den gelben Fleck fällt. Hier stehen die Zapfen am dichtesten, hier herrscht auch größte Farbenempfindlichkeit. Spärlicher sind sie, von Stäbchen umgeben, in den peripheren Teilen der Netzhaut vorhanden. Das Sehen in der Richtung zum gelben Fleck heißt auch „direktes Sehen“, dasjenige in Richtung zu den Rändern der Netzhaut „peripheres“ oder „indirektes Sehen“. Beim peripheren Sehen werden die Formen viel weniger scharf erkannt, dagegen sind mittels der an der Peripherie vorhandenen zahlreicheren Stäbchen Bewegungen und Schwankungen der Lichtstärke gut wahrnehmbar, was insbesondere auch von Bedeutung ist in der Dämmerung und bei unzureichender Beleuchtung.

Die optische Wirkung des Auges besteht darin, auf der Netzhaut (analog wie beim photographischen Apparat auf der Mattscheibe oder auf der lichtempfindlichen Platte) ein verkehrtes, reelles Bild zu entwerfen. Dabei verhält sich die Objektgröße A zur Größe des Netzhautbildes B wie die Entfernung a des Gegenstandes vom Brennpunkt zum Netzhautabstand b. Da die letztere für ein durchschnittliches Auge 17 mm beträgt, wird z. B. ein Mensch der Größe A = 180 cm in der Entfernung von a = 17 m ein Netzhautbild der Größe von 1·8 mm liefern; ein Turm von der Höhe = 100 m in der Entfernung von 1·7 km das Netzhautbild B = 1·0 mm. In welcher Weise diese Netzhautbilder uns zum Bewußtsein und Erfassen der Gegenstände gedanklich gebracht werden, ist eine Frage, auf die hier nicht eingegangen werden kann.

Wird für „unendliche" Entfernung des Gegenstandes der Abstand des Bildes vom Hauptpunkt des reduzierten Auges abgerundet mit 20 mm eingesetzt, so ist dieser bei Annäherung auf 1000 m = 1 km ... 20·0003 mm; bei 100 m ... 20·003 mm; bei 10 m ... 20·03 mm und bei 5 m ... 20·06 mm. Da die Dicke der lichtempfindlichen Netzhautschicht rund = 0·06 mm beträgt, folgt daraus, daß das scharfe Bild bei einer Annäherung auf 10 bis 5 m noch immer in die lichtempfindliche Schicht hineinfällt. Das Auge kann also von sehr weit her (unendlich) bis auf etwa 10 bis 5 m heran gleichzeitig alles scharf sehen.

Bei größerer Annäherung muß jedoch die Akkomodation, die Veränderung der Linsenwölbung durch die variable Spannung zugehöriger Fibern erfolgen.

Wesentlich für den Vergleich des Auges mit einem photographischen Apparat ist noch die Größe des *„Gesichtsfeldes"*. Das Blickfeld des *starr* nach vorne gerichteten *fixierten* Auges beträgt nur etwa 25°. (Das sich bewegende Auge freilich kann praktisch den ganzen Halbraum vor dem Auge betrachten, nur gegen innen ein wenig durch die Nasenwand eingeengt, der photographische Apparat könnte während einer Aufnahme nicht so herumgeschwenkt werden und würde dann kein einheitliches, sondern ein verschwommenes Bild liefern.) Diesem normalen kleinen Gesichtsfeld entspricht es, daß empirisch die Beschauer von Bildern sie am besten, natürlichsten „sehen", wenn sie dieselben aus einer Entfernung betrachten, die rund dreimal so groß ist als ihr Ausmaß.

Nur für das erwähnte kleine Gesichtsfeld, das ist eben jene Größe, die man „mit *einem* Blick" erfassen kann, gelten die geometrisch-perspektivischen Regeln exakt. Für größere Raumwinkel muß sich nämlich das Auge, meist samt dem Kopfe, aufwärts, abwärts beziehungsweise seitwärts bewegen; dann aber bleibt die Blickrichtung nicht normal zur

Abb. 52. Photographischer Apparat nach oben geneigt. Vom Hofe des Hochhauses in Wien gesehen.

Abb. 53. Photographischer Apparat nach oben geneigt. Vom Hofe des Hochhauses in Wien gesehen.

Abb. 54. Apparat nach unten geneigt. Von der Terrasse des Hochhauses in Wien.

Abb. 55. Apparat nach unten geneigt. Von der Terrasse des Hochhauses in Wien.

Abb. 56a. Photographische Ansicht von Chikago, vom Flugzeug aus.

Abb. 56b. New York feiert das Ende des Krieges. Blick vom Rockefeller-Center auf das Portal der St.-Patricks-Kathedrale in der 5. Avenue. Wiedergabe aus den „Salzburger Nachrichten" vom 15. September 1945. Das Bild ist eine photographisch korrekte Konstruktion aus der Vogelperspektive. Aber kein Mensch nimmt die Kirche so gewahr. Er „sieht" die Vertikalen parallel, so wie auch die Wolkenkratzer von Chikago Abb. 56a und die photographischen Aufnahmen erscheinen als geradezu widerliche Verzerrungen, ebenso wie die Aufwärtsblicke der Abb. 52, 53. Allerdings muß mit der Möglichkeit gerechnet werden, daß etwa schon die nächste Generation durch Betrachtung vieler derartiger Photobilder, die vom Flugzeug u. dgl. aus aufgenommen sind, soweit „erzogen" sein könnte, daß sie die Objekte dann so „sieht", wie es der Photograph verlangt.

Zeichenebene und es würde beispielsweise die Parallelität der Vertikalen nicht mehr gelten.

Die photographischen Apparate, besonders die „Weitwinkelapparate", ermöglichen es hingegen, durch geeignete Linsensysteme viel größere Raumwinkel gleichsam mit *einem* „photographischen Blick" zu umfassen und die darin befindlichen Gegenstände — den Wirkungsbereich des Auges überschreitend — geometrisch-perspektivisch noch richtig und scharf auf die Platte zu bekommen. In diesem Falle bleiben Vertikale auch dann noch parallel, wenn sie das starre Auge eigentlich nicht mehr so sehen kann.

Neigt man aber den photographischen Apparat aufwärts oder abwärts, so ergeben sich Bilder wie die Abb. 52 bis 56.

Kein Mensch *„sieht"* aber so etwas und wenn es jemand (leider Gottes) so *zeichnet*, so tut er es nicht „nach der Natur" = „wie er es sieht", sondern kopiert gedankenlos ein Photogramm.

A. Die Zentralperspektive.

Unter den verschiedenen möglichen Arten der projektiven Darstellung ist für den Zeichner und Maler die *Zentralperspektive* die wichtigste.

In diesem Falle sind die „Sehstrahlen" die projizierenden Geraden. Sie gehen alle von einem als Punkt gedachten Auge aus. Zwischen diesem und den abzubildenden Gegenständen steht die vertikale Zeichenebene und wo die Sehstrahlen sie durchdringen entsteht das perspektivische Bild. Die Projektion eines Punktes ist wiederum ein Punkt, die einer Geraden eine Gerade, außer sie fällt in die Richtung des Sehstrahles, in welchem Falle sie in einen Punkt zusammenschrumpft. Das Bild einer ebenen Kurve wird eine Kurve, es sei denn, daß sie in einer Ebene liegt, die durch das Auge geht; dann erscheint sie als Gerade. Was sich in der Bildebene selbst befindet, fällt mit seiner Perspektive zusammen. Ebene Gebilde und Figuren bilden sich im allgemeinen in geometrisch ähnlicher Form ab oder sie erscheinen verschoben und verkürzt. Gerade, die parallel zur Bildebene liegen, haben parallele Bilder. Sind hingegen die Geraden parallel untereinander, aber nicht zur Zeichenebene, so laufen ihre Bilder nach einem bestimmten gemeinsamen Punkt zusammen, dem sogenannten *„Fluchtpunkt"*. Darauf gründet sich die üblichste Perspektivenkonstruktion, die *„Fluchtpunktmethode"*.

Gegenüber der *„Grundebene"* liegt das Auge des Beschauers oder Malers um die *„Augenhöhe"* überhöht. Für Sitzende ist diese etwa $1^1/_2$ m, für Stehende $1^3/_4$ m, für Beobachtungen aus verschiedenen Stockwerken von Häusern z. B. 10 bis 20 m, von Aussichtswarten, Anhöhen und dergleichen noch größer.

Abb. 57. Die Wiener Kärntnerstraße. Aufnahme mit Aughöhe in Kopfhöhe.

Abb. 58. Der Wiener Kohlmarkt. Aufnahme aus höherem Stockwerk.

Abb. 59. Das Wiener Hochhaus. Aufnahme mit Weitwinkelapparat aus mittlerer Höhe.

Als Beispiele für die verschiedene Wirkung von aus verschiedener Aughöhe aufgenommenen Bildern seien vorgreifend einige Ansichten wiedergegeben. Das eine Mal (Abb. 57) ist es eine Aufnahme in Kopfhöhe über dem Erdboden, das andere Mal (Abb. 58) aus einem höheren Stockwerk. Im zweiten Falle verlaufen im Gegensatz zum ersten die Fluchtlinien der unteren Stockwerke aufwärts geneigt. Abb. 59 zeigt eine Aufnahme aus mittlerer Höhe mit Weitwinkelapparat und sehr kleiner Blendenöffnung.

Die Grundebene schneidet die Bildebene in der „*Grundlinie*". Eine „*Horizontalebene*" in Aughöhe schneidet die Bildebene im sogenannten „*Horizont*" (vgl. Abb. 60). Die *Distanz des Auges* von der Zeichenebene passend zu wählen, ist eine wichtige Forderung. Um gute Wirkungen zu erzielen, darf man sie nicht beliebig wählen, sondern muß sich nach der Größe des zu bietenden Bildes richten.

Ideale Erfüllung der perspektivischen Darstellung wäre für alle Blickrichtungen nur durch eine halbkugelförmige Zeichenfläche zu gewinnen, was aber außer für Kuppelgemälde praktisch nicht in Frage kommt, da man im allgemeinen für an die Wand zu hängende oder auf Wänden angebrachte Zeichnungen auf die Wahl von vertikalen Bildebenen angewiesen ist.

Entsprechend der geringen Ausdehnung des starren Blickfeldes (vgl. S. 36) nehmen die Maler erfahrungsgemäß bei rechtwinkelig begrenzten Bildern die „*Distanz*" am besten mit der anderthalb- bis zweifachen Länge der Diagonalen an, was einem Sehwinkel von 28° bis 31° entspricht. Überschreitet man dieses Maß, so wirken die perspektivischen Konstruktionen an den Rändern unnatürlich verzerrt.

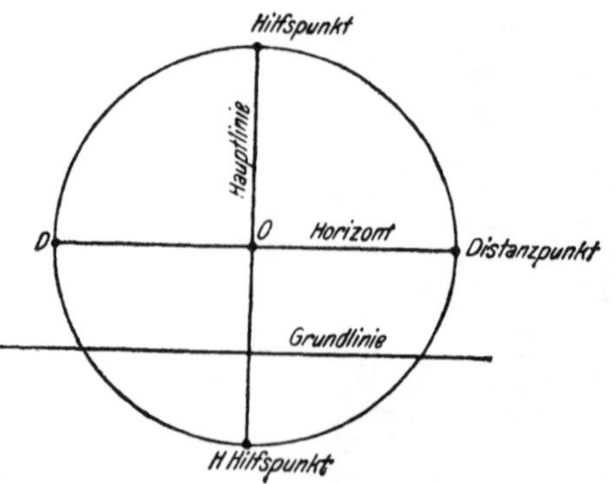

Abb. 60. Grundlinie, Horizont, Hauptlinie, Distanzpunkte.

Ein geometrisch richtig konstruiertes Bild ist die Perspektive einer entsprechenden Anzahl von Punkten.

Da ein Punkt durch den Schnitt zweier Geraden zustande kommt (die „Fliegenden Blätter" definierten ihn freilich auch einmal als einen „Winkel, dem man beide Schenkel ausgerissen hat"!), so erhält man dessen Perspektive am sichersten durch die Projektion der betreffenden Geraden. Fundament der Fluchtpunktmethode ist daher die Perspektive der Geraden. Ihre Hauptregeln sind:

Parallele Gerade haben einen gemeinsamen Fluchtpunkt. Gerade, die parallel zur Bildebene sind, können einander jedoch nicht schneiden und haben keinen Fluchtpunkt.

Alle horizontalen Geraden, die nicht zur Zeichenebene parallel sind, haben ihren Fluchtpunkt im Horizont. Speziell Gerade, die senkrecht zur Bildebene horizontal verlaufen, haben ihren Fluchtpunkt im *„Hauptpunkt"* (O in der Abb. 60). Man nennt sie auch *„Tiefenlinien"*.

Für Linien, die mit der Bildebene einen Winkel von 45° einschließen, liegen die Fluchtpunkte in den *„Distanzpunkten"* D (in Abb. 60 und 61), die so gewonnen werden, daß man die Distanz HO von O aus nach rechts und links aufträgt. Man benützt diese mit Vorliebe zu perspektivischen Netzkonstruktionen, wie es Abb. 61 a ohne weiteres veranschaulicht. Schließen horizontale Gerade von 45° abweichende Winkel mit der Bildebene ein, dann liegen die Fluchtpunkte innerhalb oder außerhalb der genannten Distanzpunkte auf dem Horizont. Die Aufsuchung der Fluchtpunkte, z. B. für 30° oder 60°, geschieht, indem man den betreffenden Winkel beim Hilfspunkt H ansetzt.

Parallele Gerade, die nicht horizontal sind, haben ihren Fluchtpunkt oberhalb des Horizontes, wenn sie nach hinten aufsteigen, unterhalb, wenn sie rückwärts abfallen.

So wie parallele Gerade einen gemeinsamen Fluchtpunkt haben, so besitzen parallele Ebenen eine gemeinsame *„Fluchtlinie"*. Nur Ebenen parallel zur Bildebene schneiden einander nicht. Für horizontale Ebenen, z. B. Wasserspiegel, ist der Horizont die Fluchtlinie.

Für vertikale Ebenen sind die Fluchtlinien senkrecht, also parallel zur *Hauptlinie* (Lot durch den Hauptpunkt); sind sie außerdem noch senkrecht zur Bildebene, so wird die Hauptlinie zur Fluchtlinie. Für gegen die Bildebene geneigte Ebenen, die diese horizontal schneiden, liegen die Fluchtlinien parallel über oder unter dem Horizont.

Gerade, die horizontal, parallel zur Zeichenebene verlaufen, nennt man *„Breiten"*.

Gerade, die parallel zur Bildebene, senkrecht zur Grundebene und recktwinklig zum Horizont stehen, heißen *„Höhen"*.

Gerade, die senkrecht zur Bildebene von vorne nach hinten verlaufen, bezeichnet man als *„Tiefen"*. Sie konvergieren zum Hauptpunkt als ihrem Fluchtpunkt.

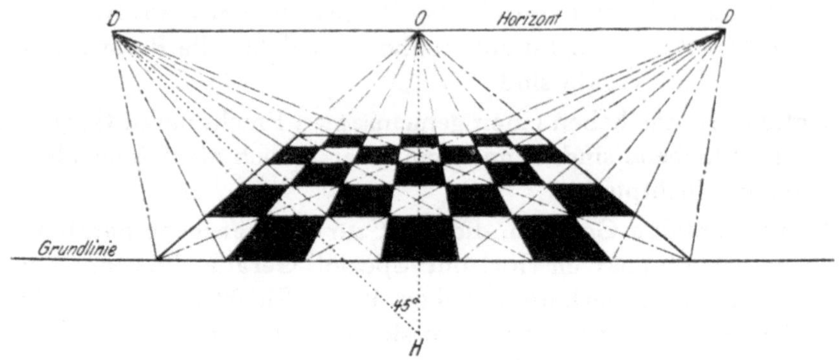

Abb. 61a. Perspektivische Konstruktion.

Abb. 61b. Perspektive von Eisenbahnschienen.
Die Spurweite ist 1·435 m. Die Größe eines Menschen von 170 cm ist in vertikalen Strichen angedeutet. Menschliche Figuren solcher Länge würden riesengroß wirken.

Abb. 63. Vogelperspektive, Schönbrunn, Gloriette.
Die Vertikalen konvergieren nach unten.

Abb. 64. Vogelperspektive, Wiener Museen
(wie zu kartographischen Zwecken).

Abb. 65. Froschperspektive, Kuppel im Michaelertrakt der Hofburg, Wien.

Abb. 66. Froschperspektive, Parlamentsrampe, Wien.

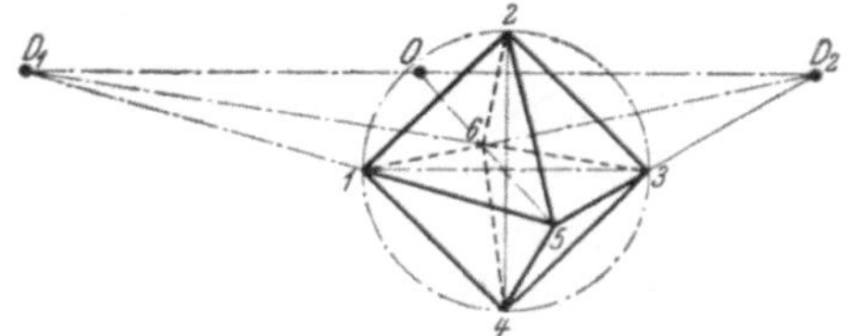

Abb. 62. Konstruktion der Perspektive eines Oktaeders.

Als Beispiel für eine einfache perspektivische Konstruktion sei die eines Oktaeders gegeben (Abb. 62).

Das Oktaeder ist eine quadratische Doppelpyramide mit 8 gleichseitigen Dreiecken als Begrenzungsflächen und 6 Eckpunkten. Jeder seiner Mittelschnitte ist ein Quadrat. Man kann z. B. ausgehen von einem zur Bildebene parallelen Quadrat mit den Eckpunkten 1, 2, 3, 4. Legt man Linien von O, dem Hauptpunkt, durch den Mittelpunkt des Quadrates und von 1 und 3 zu den beiden Distanzpunkten, so schneiden deren Verlängerungen einander in dem gesuchten Punkt 5. Die beiden Richtungen 3—D_1 und 1—D_2 liefern im Schnitt den letzten erforderlichen Punkt 6.

B. Vogelperspektive und Froschperspektive.

Photographiert man, etwa vom Flugzeug aus, vertikal abwärts auf eine horizontale Aufnahmeplatte oder konstruiert man in entsprechender Weise ein Bild, so spricht man von „*Vogelperspektive*". Beispiele dafür bringen die Abb. 63 und 64.

Derartige Aufnahmen wurden insbesondere für kartographische Landschaftsaufnahmen und Vermessungen von sehr großer Bedeutung.

Das Gegenteil hiezu ist bei der „*Froschperspektive*" der Fall, einer Konstruktion oder Aufnahme mit der Blickrichtung vertikal aufwärts. Letzteres findet Anwendung bei Darstellungen auf Decken- und Gewölbemalereien. Abb. 65 stellt die Froschansicht eines Teiles der Kuppel im Michaelertrakt der Wiener Hofburg dar; Abb. 66 den Aufblick zwischen den Säulen am Mittelbau des Parlamentes in Wien.

Für die Konstruktionen gilt alles früher Gesagte, wenn alles nach oben beziehungsweise nach unten um 90° gedreht wird.

Für Projektionen unter anderen Winkeln werden die Regeln für das Zeichnen etwas komplizierter, doch braucht hier darauf nicht eingegangen zu werden.

Bilder wie Abb. 65 und 66 wirken aber fremdartig und unnatürlich, ebenso wie die unter geneigtem Apparat aufgenommenen Abb. 52 bis 56, während die Bilder mit Weitwinkelapparaten, wie Abb. 58 und 59, die das ruhig gehaltene Auge mit unverrückter Blickrichtung wegen unseres kleinen Gesichtswinkels gar nicht umfassen könnte, uns als „richtig" erscheinen (vgl. S. 42).

Es sei hier auch an das bereits auf S. 20 bezüglich des Hineintragens unseres „Wissens" in die Vorstellung des Geschauten Gesagte zurückverwiesen.

C. Spiegelungen.

Treffen Strahlen auf die Grenzfläche eines reflektierenden Mediums (Spiegel) auf, so werden sie nach dem allgemeinen Reflexionsgesetz derart zurückgeworfen, daß das Auge den Eindruck hat, sie kämen aus dem symmetrischen Punkt L′ hinter dem Spiegel. (Abb. 67.)

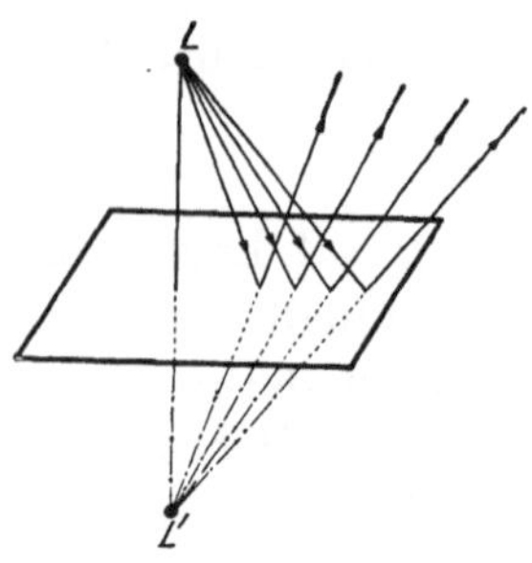

Abb. 67. Spiegelung.

Spiegel können demnach ein gutes Hilfsmittel für die perspektivischen Darstellungen sein, wenn sie dazu verwendet werden, dem Bild eine größere Tiefenwirkung zu verleihen, ein von Malern oft erfolgreich benützter Kunstgriff. Da alle Dinge ebenso weit hinter dem Spiegel zu liegen scheinen, als sie in Wirklichkeit sich vor ihm befinden, werden die Distanzen gleichsam verdoppelt.

Es ist zu beachten, daß bei Spiegelungen die rechte und die linke Seite vertauscht erscheinen. Wer den Scheitel auf der linken Seite trägt und sich selbst, wie dies zumeist der Fall ist, nur aus dem Spiegelbild kennt — Scheitel rechts!, — ist zunächst erstaunt, wenn er in seiner Photographie die wirkliche Darstellung sieht.

Radierungen und dergleichen nach Bildern geben die Spiegelbilder wieder, so daß sie nicht immer gleich erkannt werden. Entwürfe, Skizzen und derartiges für Gobelins, nach denen gewebt werden soll, zeigen z. B. den Krieger mit dem Schwert oder Speer in der linken Hand und dementsprechend alles andere. Matrizen und Druckformen, Holzmodeln für Lebkuchen usw. müssen spiegelbildlich angefertigt werden.

Mehrfache Spiegelungen, wie z. B. in den sogenannten Kaleidoskopen, können aus einfachen Glasscherben durch Symmetriewirkungen sehr wohlgefällige Wirkungen hervorbringen.

Ein Maler, der einen anderen malt, stellt ihn so dar, wie er ihn sieht und er wirklich ist. Macht er aber ein Selbstporträt nach dem Spiegelbild, so ist rechts und links vertauscht. Da niemand nach Körperbau, Kleidung, Betätigung der Hände usf. vollkommen symmetrisch ist, kann demnach kein Selbstporträt völlig richtig sein. Ein Geiger hält im Spiegelbild die Violine an der rechten Schulter und führt den Bogen mit der linken Hand! Derartiges bekommt man zuweilen bei Projektionen gespiegelter Objekte zu sehen, z. B. in den sogenannten „Tanagra-Vorführungen“.

D. Andere Arten von Perspektiven.

Die Parallelperspektive oder Axonometrie. Die „Zentralperspektive“ oder „eigentliche Perspektive“ ging vom Auge aus. Wie wir aber von einer „Zentralbeleuchtung“ die „Parallelbeleuchtung“ unterscheiden, so kann man neben der Zentralperspektive auch eine „Parallelperspektive" einführen. Erstere legt das menschliche Auge in endlicher Entfernung zugrunde, letztere verlegt ein unirdisches fiktives Auge ins Unendliche. In diesem Fall bleiben Parallele immer parallel und das Verfahren erinnert an die Konstruktion der Schatten, die durch die „unendlich weit entfernte Sonne" von irdischen Gegenständen geworfen werden.

Der Vorteil der Parallelperspektive für Baumeister und einfache Techniker besteht in sehr vereinfachten Konstruktionsmöglichkeiten. Sie entspricht jedoch nicht, wie angenähert die Zentralperspektive, dem natürlichen Vorgang unseres Sehens.

Ist bei der letzteren auch wegen der Wahl der richtigen Aughöhe und der passendsten Distanz eine gewisse Vorsicht geboten, damit die Zeichnung korrekt und wohlgefällig wirkt, so ist sie den parallelperspektivischen Wiedergaben doch im allgemeinen vorzuziehen. Parallelperspektive ist wohl in erster Linie ein Notbehelf für den Fall, daß minder geschulte Konstrukteure schnell arbeiten müssen und deshalb braucht hier nicht näher darauf eingegangen zu werden. Aber auch der mit den Regeln der Zentralperspektive gut vertraute Zeichner wird sich gelegentlich der Axonometrie bedienen, z. B. in Anwendung auf die Schattenbildungen bei Sonnenbeleuchtung.

Allmählich scheint sich übrigens für Techniker und Konstrukteure, zum Teil sogar bereits auch für Architekten eine von perspektivischen Darstellungen ganz unabhängige technische Bilderschrift zu entwickeln, die mit dem unmittelbar Gesehenen nur mehr sehr wenig gemein hat, man könnte sagen eine Art Hieroglyphenschrift oder Kurzschrift. Man denke bloß an die Skizzen und Anweisungen für Radioanlagen und Schaltungen und dergleichen.

Bemerkungen zum optisch-physiologischen Sehen.

Im vorigen Abschnitt wurde gezeigt, wie Bilder perspektivisch zu konstruieren sind. Wie sehen wir nun aber wirklich mit unseren Augen?

Will man den Sehvorgang vereinfacht beschreiben, so beschränkt man sich üblicherweise zunächst auf ein *einzelnes* Auge. Dann können wir ihn mit der Art der Aufnahme eines photographischen Apparates vergleichen. Das Linsensystem des Auges (vgl. S. 35) entwirft auf der Netzhaut ein reelles Bild, so wie das photographische Objektiv auf der photographischen Platte.

Hier müssen wir aber sogleich unterscheiden zwischen *Normalsichtigen* (Emmetropie), *Kurzsichtigen* (Myopie) und *Übersichtigen* (Hyperopie) — kurzsichtigen Menschen mit zu lang, übersichtigen mit zu flach gebauten Augen. Im gewöhnlichen Sprachgebrauch nennt man die Übersichtigen meist auch *Weitsichtige,* welche Bezeichnung die Mediziner aber lieber den Alterssichtigen vorbehalten.

Beim normalen Auge fallen im Ruhezustand parallele Strahlen, die aus großer Entfernung (unendlich weit her) kommen, vereinigt auf den gelben Fleck (Abb. 68, vgl. S. 34); beim kurzsichtigen vor diesen (Abb. 69), beim übersichtigen hinter ihn. Der *Fernpunkt* des normalen

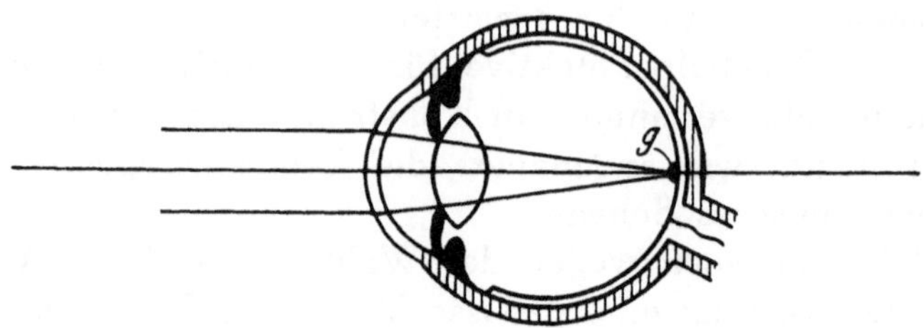

Abb. 68. Augenschema. Normales Auge. Parallele Strahlen vereinigen sich in der Netzhaut im gelben Fleck (g = O).

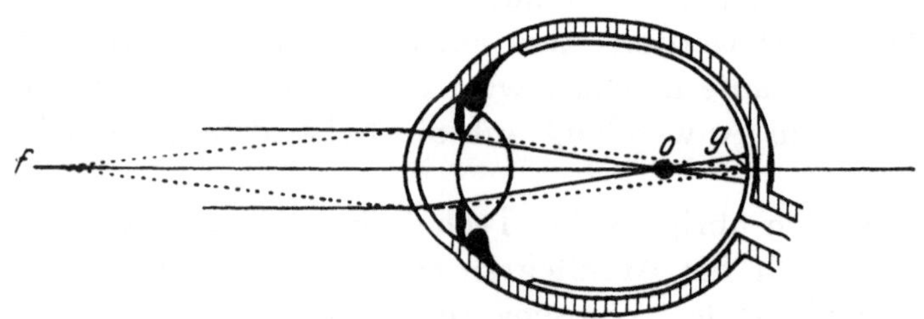

Abb. 69. Kurzsichtiges Auge. Parallele Strahlen vereinigen sich in O vor der Netzhaut.

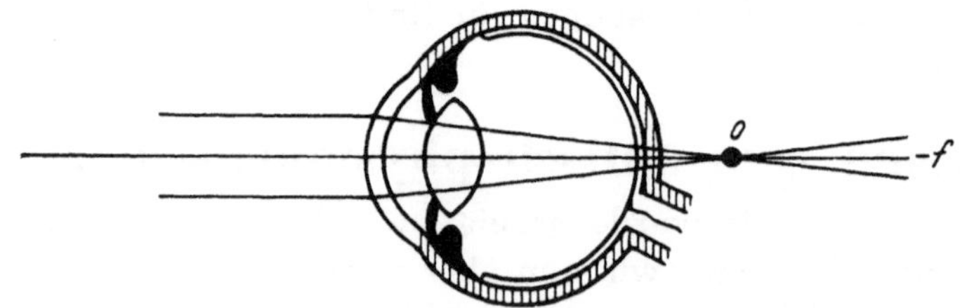

Abb. 70. Übersichtiges Auge. Parallele Strahlen vereinigen sich hinter der Netzhaut.

Auges — jener, dessen Strahlen sich auf der Retina vereinigen —, liegt also unendlich weit. Der Fernpunkt des kurzsichtigen Auges (f) liegt abnormal nahe (Abb. 69), der des übersichtigen hingegen hinter der Retina, sein Abstand wird negativ (Abb. 70).

Die Korrektur für ein kurzsichtiges Auge liefert in der Brille oder dem Augenglas eine Zerstreuungslinse mit konkav geschliffenen Flächen, für das übersichtige eine Sammellinse (konvexe Linse), die jeweils bewirken, daß der Zusammentritt der parallel einfallenden Strahlen dann wieder im gelben Fleck erfolgt.

Wenn eine photographische Aufnahme scharf werden soll, so müssen wir auf die richtige Entfernungseinstellung achten und auf passende Lichtstärken, die durch Abblenden geregelt werden können. Beim Auge geschieht die Einstellung auf die richtige Entfernung durch „*Akkommodation*“ und das Einstellen auf Helligkeit beziehungsweise Abblenden durch die sogenannte „*Adaption*“.

Unter *Akkommodation des Auges* versteht man die Fähigkeit, auf Gegenstände in verschiedener Entfernung (unterhalb 10 m, vgl. S. 36) durch verschieden starkes Krümmen der Linse scharf einzustellen, das heißt, das Bild genau auf die Netzhaut zu bringen. Dabei wird die Linse um so mehr gewölbt, je näher der betrachtete Gegenstand liegt.

Bei stärkster Akkommodation des normalen Auges für die Nähe können noch Strahlen, die aus 12 cm stammen, im gelben Fleck vereinigt werden, das ist der sogenannte „*Nahepunkt*“. Das kurzsichtige Auge hat noch kleinere Nahepunkte, der Akkommodationsbereich des Kurzsichtigen ist aber klein.

Das *weitsichtige* Auge des Alters (Presbyopie) hat wegen eingetretener Erschlaffung der Einstellmuskeln herabgesetzte oder ganz aufgehobene Akkommodationsfähigkeit. Es sieht in die Ferne wie ein normales, ist aber nicht mehr imstande, auf die Nähe zu akkommodieren. Die Korrektur für das Lesen oder Betrachten in der Nähe erfolgt durch Konvexlinsen-Augengläser.

Das durch eine Brille „bewaffnete“ (korrigierte) und dabei gleichzeitig mindestens teilweise „erstarrte“ Auge kann im Gegensatz zum normalen, welches „gleichzeitig“ — oder in so schneller Folge, daß es als gleichzeitig empfunden wird — Nähe und Ferne scharf sieht, ähnlich wie ein photographischer Linsenapparat nur auf bestimmte Distanzen scharf einstellen. Kurzsichtige müssen für die Nähe, z. B. zum Lesen, die Brille absetzen, Weitsichtige sie aufsetzen.

Man kann daher den Bildeindruck, den Verschiedensichtige erhalten, und demgemäß auch ihre bezüglichen Urteile nicht unmittelbar vergleichen! Junge und alte Menschen, Normale, Kurzsichtige, Über- und Weitsichtige müssen z. B. von der gleichen Landschaft in verschiedenen Tiefen verschiedene Bildeindrücke aufnehmen und summierend in ihr Bewußtsein verarbeiten — es wird ihnen daher auch nicht das gleiche als schön, lieblich, schreckeinflössend, bedrückend usf. erscheinen müssen!

Bei Ruhelage ist das normale Auge auf „unendlich“, das heißt sehr große Entfernung eingestellt.

Wir haben die Fähigkeit, entweder die nahen oder die entfernt gelegenen Dinge, je nach der zugewandten Aufmerksamkeit unmittelbar nacheinander scharf zu sehen. So können wir z. B., wenn wir einen Schleier vor die Augen halten, die Struktur des Gewebes scharf sehen und alles andere verschwommen, oder aber wir können umgekehrt durch die Lücken des Stoffes die Gegenstände außerhalb desselben betrachten, wobei dann die Anwesenheit des nur mehr verschwommen oder überhaupt kaum mehr wahrgenommenen Schleiers uns nicht stört. Während das photographische Objektiv jeweils immer nur für eine bestimmte Entfernung scharf eingestellt bleibt, vermag das Auge so schnell zu akkommodieren, daß wir den Eindruck haben, Nähe und Ferne *zugleich* scharf zu sehen. *In diesem raschen Einstellungswechsel, mit dem das Auge das Geschaute fortwährend gleichsam abtastet, liegt ein grundsätzlicher Unterschied zum starr fixierten photographischen Apparat.*

Beim Schauen des Auges handelt es sich überhaupt niemals nur um *ein* Momentbild, sondern stets um eine sehr große Anzahl von Netzhautbildern, die ständig erzeugt werden und als einzelne sehr schnell verschwinden, so daß, was uns als „Bild" zum Bewußtsein kommt, die Summe oder der Extrakt aus einer Fülle von Eindrücken ist — wie dies schon gesagt wurde, aber immer wieder betont zu werden verdient.

Unter *„Adaption"* versteht man die Fähigkeit, die Pupille entsprechend der Helligkeit zu verkleinern oder zu erweitern. Dies unterliegt aber nicht unserer Willkür oder unserem Ermessen, sondern geschieht automatisch. Die Iris hat zwei glatte Muskeln und solche wirken reflektorisch unabhängig von unserem Willen.

Bei starkem Licht ist die Pupillenöffnung verkleinert, bei schwachem vergrößert, um mehr Licht hereinzulassen.

Im allgemeinen erscheinen nun Gegenstände, die sich näher befinden, heller beleuchtet als fernere, und wenn andere Anhaltspunkte fehlen, so halten wir deshalb meist unwillkürlich lichtstärkere Objekte für näher als dunklere. Daher halten wir am Abend — im Widerspruch zur perspektivischen Konstruktion — dieselben Berge für kleiner und ferner als am Tage. Der Eindruck, den wir von diesen Größen haben, wechselt überhaupt stark mit der Beleuchtung. Man beachtet es auch in der Regel kaum, daß der Gipfel meist sehr viel weiter entfernt ist — auch in horizontaler Richtung — als die tieferen Partien und der Fuß, man sieht gewöhnlich vorwiegend nur die Silhouette.

Oft hört man in unseren Gebirgsländern im Sommer sagen: „Heute sind die Berge so nahe, man sieht oben jeden Baum — da kommt schlechtes Wetter", oder umgekehrt: „Die Berge erscheinen so klein und fern und in bläulichem Schein — das Wetter bleibt gut". Das hängt mit der Reinheit der Atmosphäre zusammen. Für unsere Gegenden bringt der absteigende Föhn sehr reine, staubfreie und deshalb „sichtige" Luft und ihm folgt meist Regen. Schönes, trockenes Wetter hat dagegen meist staubreichere Luft; infolge der Streuung des Lichtes an diesen kleinen in der Atmosphäre suspendierten Teilchen wird die Helligkeit herabgesetzt und die Berge erscheinen entlegener.

Lichtempfindlichkeit, Größenschätzung und Entfernungsschätzung sind voneinander wechselseitig stark abhängig.

Die Entfernungsschätzung wird erleichtert, wenn als Anhaltspunkte Gegenstände uns *bekannter* Größe, wie Häuser, Bäume, Menschen usw. zwischen Auge und beobachtetem Objekt liegen, sie ist also stark abhängig von der Umgebung. Wo solche Umgebung fehlt, ist eine brauchbare Entfernungsschätzung im allgemeinen nicht mehr möglich. So erscheinen uns Sonne und Mond gleich groß, obwohl erstere um ein Vielfaches größer ist, weil wir beide unter dem gleichen Raumwinkel sehen und andere Anhaltspunkte nicht vorhanden sind, und sie erscheinen uns auch als gleich fern, obwohl wir wissen, daß die Sonne viel, viel weiter weg ist.

Betrachten wir aber den Mond — bei der Sonne können wir das nur nicht tun, weil sie uns zu stark blendet — und schließen wir dann ein Auge, so kommt weniger Licht, bloß von einer der beiden Netzhäute, zu unserem Bewußtsein und entsprechend der Vorstellung aus geringerer Helligkeit im Zusammenhang mit größerer Entfernung „sehen" wir denselben Mond sofort merklich kleiner!

Unwillkürlich sucht das offen gebliebene Auge übrigens den Lichtentzug durch das Schließen des anderen dadurch zu kompensieren, daß sich bei diesem Experiment die Pupille des offenen erweitert, um mehr Licht einzulassen; aber das reicht nicht aus, um den Ausfall zu ersetzen.

Was hier vom Mond gesagt ist, kann man an jedem beleuchteten Gegenstand erproben, an Häusern, Bäumen, Bergen, an Bildern an der Zimmerwand, einer Vase auf dem Kasten usw. Man erzielt die gleichartige „Verkleinerung" auch dadurch, daß man durch ein Loch oder z. B. durch die zusammengerollte Hand, die ein Loch offen läßt, oder durch eine Röhre schaut, wobei das Loch groß genug sein muß, damit geometrisch-perspektivisch noch das Gesamtbild des Gegenstandes die Pupille uneingeengt passieren kann. *Die Verringerung der Lichtsumme bewirkt ein Kleinersehen, auch wenn geometrisch-perspektivisch die Verhältnisse sich gar nicht ändern.* Die Zahl der Einzeleindrücke auf die Netzhaut wird offenbar dadurch eingeschränkt und das genügt für diesen Effekt.

Die *Lichtempfindlichkeit* kann für verschiedene Menschen und für die gleichen bei verschiedenen Altersstufen stark verschieden sein. Sie ist gewiß für Kinder wesentlich größer als für Erwachsene. Ganz abgesehen von allen anderen Momenten „sieht" das Kind schon aus diesem Grunde die Sonne und den Mond tatsächlich größer als der Erwachsene, worauf auf S. 97 und 102 noch zurückgekommen wird.

Das *Lichtbedürfnis* bei künstlicher Beleuchtung hat dank der kolossalen Entwicklung der bezüglichen Technik im letzten halben Jahrhundert besonders stark zugenommen, die uns dabei gewissermaßen verwöhnt und unsere Augen in dieser Hinsicht verdorben hat. Was hat man doch für feine Arbeiten früher einmal bei Kerzenlicht gemacht, wozu man jetzt kaum mehr imstande wäre!

Für die *Größeneinschätzung* der gleichen Objekte bei verschiedener Beleuchtung und unter verschiedenen Begleitumständen müssen wir zwischen objektiven und subjektiven Ursachen unterscheiden.

Objektive Änderungen finden statt, wenn etwa für den Anblick von Sonne oder Mond, z. B. im Horizont gegenüber dem im Zenith, also besonders bei Auf- oder Niedergang, eine Änderung im Zwischenmedium, der Luft, vorhanden ist, wie Dichtenänderung und Zusammensetzung (Staub-, Wasserdampfgehalt usw.). Dann wird durch Absorption, Ablenkung der Strahlen, durch Brechung und Beugung, tatsächlich ein veränderter Strahlengang und ein in seiner Größe verändertes, manchmal auch in seiner Gestalt verzerrtes Bild auf der Netzhaut entstehen. Dazu kommt auch noch oft eine Änderung in der Farbe. Werden mehr blaue Strahlen aus dem weißen Licht absorbiert, so erscheint der Gegenstand, z. B. die Sonne oder der Mond, gelber, werden mehr grüne verschluckt, erscheint er röter usf.

Subjektiv hängt die Größenbeurteilung, wie bereits erwähnt, auch von der Lichtintensität ab. Bei einäugigem Sehen erscheinen die Objekte kleiner als bei zweiäugigem, ebenso bei Abblenden des Lichtes.

Im Nebel, in der Dämmerung usw. erscheinen die Größen verändert. Im Nebel wirken Personen oder Gegenstände oft riesenhaft. Berge halten wir in der Dämmerung meist für viel kleiner als bei Tag.

Dazu kommt die Relationierung zu Gegenständen oder Anhaltspunkten der Umgebung. Fehlt dazu die Möglichkeit, so verirren sich leicht unsere Urteile. Solche Zwischenpunkte sind in der Regel in der horizontalen Richtung vielfach vorhanden, Bäume, Häuser, Landschaftsbestandteile, auf dem Wasser Schiffe, Segel usf. — in der Richtung zum Zenith gegen den Himmel fehlen sie und das trägt zur Unsicherheit der Einschätzung für die Gestirne bei.

Helle Punkte — Sterne — werden im Dunkeln betreffs ihrer Entfernung naiv nur nach ihrer Leuchtkraft beurteilt; es gibt viele Menschen, die sagen, sie sähen die hellen Sterne in dunkler Nacht gleichsam wie Lampions tiefer vom Himmel herunterhängen als die lichtschwächeren.

Sieht man im Dunkeln bloß einen leuchtenden Punkt und weiß nicht, wo er sich befindet, so wird die Höhe ganz willkürlich und fast allgemein, besonders in Zimmern, für viel zu hoch eingeschätzt.

Das machten sich unter anderen die sogenannten „Medien" zunutze, wenn sie ihre Schwebeerscheinungen demonstrierten. Anläßlich derartiger „Levitationen", wie in den Jahren nach dem ersten sogenannten „kleinen" Weltkrieg, in denen sie sehr in der Mode waren, markierten die Medien ihre Beine mit Leuchtpunkten (aus radiofluoreszierender

Sidotblende, Zinksulfid). Die Zuschauer befanden sich im Dunkeln oder ganz schwachem Rotlicht, das sonst nichts erkennen ließ. Im gegebenen Augenblick schienen sich die Medien in die Luft zu erheben, die Beine waagrecht ausgestreckt und damit hin und her pendelnd. In Wahrheit hatten sie nicht beide Beine markiert, sondern nur das eine auf beiden Seiten. Im Dunkel stiegen sie mit dem unmarkierten auf den Stuhl, auf dem sie vorher saßen, stützten sich mit den Händen auf zwei rechts und links aufgestellte, naive, ahnungslose „Kontrollpersonen", neigten den Oberkörper nach hinten und ließen das zweiseitig mit Leuchtpunkten markierte Bein langsam horizontal hin und her schwingen. Der Unbefangene, der nur die Leuchtpunkte sah, vermeinte wirklich die beiden Beine und weiterschließend das ganze Medium in der Luft schwebend zu sehen.

Fragte man dann z. B. eine der Kontrollpersonen, wie hoch denn der schwebende Körper war, bekam man meist die Antwort: „Bis zur Zimmerdecke!" Machte man ihn darauf aufmerksam, daß er das Medium ja bei der Hand gehalten habe und das unmöglich höher als 2 m vom Boden gewesen sein könne, konnte man die Erwiderung hören: „Macht nichts, er schwebte doch bis zur Decke!" So stark war der Eindruck.

Kontrollexperimente an langen Stangen, die in verschiedener Höhe mit Leuchtpunkten versehen wurden, ergaben in dunklen Zimmern, daß — offenbar mangels von Anhaltspunkten — selbst sehr kritische, scharfe Beobachter, darunter berühmte Physiker, die gut zu beobachten gewohnt waren, die Höhen ganz falsch einschätzten, und zwar meist beträchtlich zu groß. Die Schätzung eines 3 m über dem Boden befindlichen Punktes ergab z. B. Antworten wie 6 oder 8 m, obwohl der Beobachter eigentlich wissen mußte, daß das Zimmer, in dem das Experiment vorgenommen wurde, knapp über 4 m hoch war!

A. Weitere Bemerkungen zur Größeneinschätzung.

Die Frage: „Wie groß *ist* (oder besser: erscheint dir) der Mond oder ein anderes Objekt?" wird als eigentlich inhaltslos von vielen ernsten Forschern abgelehnt. Sie hat tatsächlich nur einen Sinn in Verbindung mit der Frage: „Wo, in welcher Entfernung ‚siehst' du ihn, stellst du dir den Gegenstand vor?"

Die Beurteilung soll nach dem dafür maßgeblichen Gesichtswinkel geschehen, und nach den Regeln der Perspektive hängt es davon ab, in welcher Entfernung vom Auge man die Bildebene, auf der man die Zeichnung entwerfen will, hat.

Man bekommt beispielsweise die Anleitung für das perspektivische Zeichnen: Man halte bei horizontal nach vorne ausgestrecktem Arm (also in zirka 50 cm Abstand vom Auge) einen Maßstab oder einen Bleistift vertikal vor sich und messe an ihm die Gegenstände, Menschen, Bäume, Häuser usw. ab. So gewinnt man ihre Größenrelation. Die Größe des

Abgebildeten ist willkürlich wählbar und hängt wohl in erster Linie davon ab, in welcher Entfernung das fertige Bild betrachtet werden soll, z. B. in 2 oder 3 m von der Wand in einem Zimmer oder in größerer in einem Saal, einer Kirche usw. Es setzt voraus, daß dann das Bild, um es richtig zu „sehen", in Aughöhe aufgehängt wird, so wie es gezeichnet wurde, da sonst die Projektion nicht senkrecht zum Augstrahl bleibt.

Immerhin kann man doch ganz naiv die Frage stellen: „Wie groß soll ich etwas in der Ferne Gesehenes zeichnen, wenn ich es so groß darstelle, als ich es ‚sehe', das heißt für eine unbewußt fixierte Entfernung mir vorstelle?" Es ist nicht ganz unsinnig, zu fragen: „Wie groß siehst du die Menschen oder Bäume gegenüber auf dem Grundstück, wenn du zum Fenster hinausschaust?" oder die vieldiskutierte Frage: „Wie groß ist (oder erscheint dir) der Mond?"

Ein Mensch von 170 cm Höhe in einer Entfernung von 500 m = 50.000 cm wird im Abstand des ausgestreckten Armes (= 50 cm) geometrisch abgemessen im Verhältnis 50 : 50.000 0·17 cm = 1·7 mm groß sein. Aber niemand „sieht" ihn so klein. Schätzungen einer größeren Anzahl naiver Menschen verschiedenen Alters ergaben auf die Frage, wie groß sie ihn „sähen", Werte von 1 cm bis 1 m, wobei Kinder und Naive besonders groß schätzen, Konstrukteure und durch vieles Anschauen von photographischen Aufnahmen Beeinflußte (man möchte sagen: Verdorbene) nicht ganz so groß.

Auf die Frage: „Wie groß ist der Mond?" bekommt man bekanntermaßen die untereinander abweichendsten Antworten: wie ein Mühlrad, ein Mühlstein, ein Suppenteller, ein kleiner Teller, ein Taler, ein Groschen usw. usw. Hiebei kann über die Entfernung kein Zweifel sein, er ist immer praktisch „unendlich" weit. Es kann sich nur darum handeln, zu fragen, in welcher Entfernung vom Auge man den Mond sich abgebildet vorstellt, in welche Entfernung man etwa einen Taler zu halten habe, damit er die Mondscheibe gerade verdeckt. Aber selbst das ist nicht einfach beantwortbar, denn wie früher ausgeführt wurde, erscheint uns ja der Mond kleiner, wenn wir ein Auge schließen und ihn nur mit einem betrachten, oder wenn wir ihn durch ein Loch, wie das einer geknipsten Bahnkarte, anschauen.

Tatsächlich erscheinen uns die hellen Gestirne viel größer, als es dem Winkelmaße (bei Mond und Sonne nur rund $^{1}/_{2}{}^{0}$) entspricht. Zudem schaut man den Mond oder die Sonne oben und die Landschaft unten meist nicht gleichzeitig an, projiziert die ersteren auch nicht auf eine Fläche senkrecht zum horizontalen Augstrahl wie bei den üblichen Bildern, sondern muß den Kopf und die Blickrichtung dazu heben. Man kombiniert demnach aus verschiedenen Gesichtseindrücken, die unter verschiedenen optischen Bedingungen erhalten werden und auch nacheinander erfolgen können, während des Herumschweifens der Augen, und man projiziert dabei gedanklich nicht auf gleiche Entfernung und gleiche vertikale Bildfläche.

Je nach Wetterlage und Beleuchtung erscheinen uns z. B. Berge, Häuser, Bäume größer oder kleiner, näher oder ferner.

Wir sind im letzten halben Jahrhundert stark beeinflußt worden, nicht nur durch konstruktives Zeichnen, sondern besonders auch durch die vielen Photographien und im starken Ausmaß durch die zahllosen Ansichtskarten. Jeder aber, der photographierte, war zunächst verblüfft, wie klein z. B. die Berge herauskamen. Gar Sonne und Mond erscheinen dabei geradezu lächerlich und unglaubwürdig klein (vgl. S. 108).

Das Auge als eine Art photographischer Kamera aufzufassen, mag für sein Verständnis in erster Annäherung angehen, aber für die Frage, was wir wirklich sehen, reicht das nicht aus. Wir sehen ja nicht *ein* Momentbild, sondern die gedanklich verarbeitete Resultante aus einer enorm großen Anzahl von Bildern. Dieser Erinnerungskomplex aus lauter summierten Einzelbildern ist es, der in unserem Bewußtsein verbleiben und gedanklich aufgespeichert werden kann.

Die Konstruktion oder das photographische Momentbild entsprechen der schulmäßigen Perspektive, die dort, wo man eben Konstruktionen braucht, ihre Bedeutung hat. Aber den naiven Zeichnern und insbesondere Kindern, die noch nicht durch zu vieles Anschauen von derart konstruierten oder photographischen Aufnahmen, die den gleichen Gesetzen gehorchen, beeinflußt sind, erscheinen dann die Berge und dergleichen *viel zu klein*. Wenn wir freilich später einmal *gelernt* haben, daß es so sein *solle*, gewöhnt man sich allmählich daran und „sieht sich hinein". Gleichwohl ist die instinktive Auflehnung aller wirklich naturempfindenden Maler gegen diese konstruierten Größenausmaße vollauf berechtigt.

Zu Vorstehendem kommt aber weiter noch sehr wesentlich das unbewußte *Urteil*. Was uns wichtig und besonders eindrucksvoll erscheint, das *„sehen"* wir tatsächlich viel größer als der geometrischen Konstruktion entspricht.

Sonne und Mond machen uns einen außerordentlich starken Eindruck, je jünger wir sind, desto mehr. Jedermann weiß, daß Kinder die Sonne und den Mond besonders groß zeichnen. Betrachtet man daneben die Größe von Sonne und Mond, wie sie die Photographien liefern, so ist auch der erwachsene und erfahrene Mensch immer wieder erstaunt, wie winzig klein diese wirklich ausfallen. Maler aller Zeiten haben Sonne und Mond auf ihren Bildern festgehalten, sie erscheinen auf ihren Bildern in den wechselndsten Größen — keiner hat sie so klein gezeichnet, als es die Perspektive verlangt (vgl. S. 108).

Die primitiven Völker zeichnen nicht nur ihre Götter, sondern auch ihre Herrscher unverhältnismäßig groß; die Beurteilung ihrer hervorragenden Bedeutung veranlaßt sie dazu — sie „sehen" sie vermutlich wirklich größer als die gewöhnlichen Untertanen. Auch noch auf relativ späten europäischen Bildern, z. B. auf Votivtafeln, wo die Familienoberhäupter mit Kindern und Gefolge dargestellt sind oder wo irgendwie Personen hervorgehoben und in den Vordergrund geschoben werden, kann man die Hauptpersonen unverhältnismäßig groß dargestellt finden.

Der Sprachgebrauch folgt dem auch heute noch allgemein. Sagt man, jemand ist ein *großer* Mann — z. B. der körperlich kleine Maler *Menzel* oder *Napoleon* —, so ist auch das eine analoge „Anschauung". Es kann umgekehrt jemand dem Wuchse nach ein Riese sein, in seiner Bedeutungslosigkeit aber doch ein *kleiner* Mann.

Hier sei noch eine Bemerkung über den Vergleich von Photogrammen mit dem Eindruck, den unsere Augen unmittelbar erhalten, eingeschaltet.

Wenn es schon auf S. 4 und 15, wie auch im folgenden bei der Schilderung der Entwicklung der Perspektive auf S. 76 vollkommen einwandfrei heißt, daß man entferntere Gegenstände immer kleiner sähe als nähere, so muß man z. B. auch höhere, entferntere Stockwerke von Häusern kleiner sehen als die näher gelegenen unteren, und das gilt natürlich nicht nur für ihre Höhe, sondern auch für ihre Breite — bei aufwärts gerichtetem Blick müßten eben die Vertikalen konvergieren, um dieser Forderung zu entsprechen (vgl. Abb. 52, 53). Ein Bild, bei dem die oberen Stockwerke erniedrigt erscheinen, die Breiten aber gleich bleiben, wäre perspektivisch verfehlt.

Nun zeigt Abb. 59 auf S. 42 im Gegensatz zu Abb. 52 und 53 neun gleich hohe Stockwerke eines Hochhauses, die in ihrer Projektion auf eine vertikale Ebene neun entsprechend verkleinerte, aber untereinander wiederum gleich hohe Bilder geben. Dies steht im Widerspruch zu obigem, denn die oberen Stockwerke sind in größerer Entfernung vom Beobachter als die im Horizont und müßten kleiner erscheinen. Das heißt Abb. 59 bringt ein photographisch richtiges Bild, aber nicht eines, das man mit eigenen Augen wirklich so sehen kann.

Da Turmspitzen oder dergleichen jeweils vom Beschauer weiter entfernt sind als die Fundamente der Kirchen oder sonstigen Gebäude, sehen Türme von unten betrachtet verkürzt und nie so hoch aus, als man sie beim Hinaufsteigen zu beurteilen lernt. Ähnliches erfährt der Bergsteiger bei Einschätzung der Entfernung eines Gipfels usf.

Es ist zu beachten, daß unser Auge sich tatsächlich nicht um obigen unlösbaren Widerspruch kümmert; es „sieht" eben die Vertikalen parallel und dennoch die hohen Stockwerke niedriger.

Die geometrisch-perspektivische Darstellung ist nicht immer als die „richtige" aufrechterhaltbar. Dazu sei aber gleich bemerkt, daß die Worte „richtig" und „falsch" hier ganz unangebracht sind. Was für den einen Zweck und die eine Anschauungsweise „richtig" ist, kann für andere geistige Auswertung und andere Standpunkte ganz „falsch" sein und umgekehrt.

Es wurde schon betont, daß bei der Größenbewertung die Lichtintensität des Gegenstandes hineinspielt. Ein anderes wichtiges Moment ist noch die *Richtung*, in der wir ihn betrachten.

Die „Größe" von Bergen, Häusern in der Nähe usf. hängt von der Blickrichtung wesentlich ab. Unser Gesichtsfeld ist viel zu klein, um sie aus *einem* horizontalen Blick auf einmal sehen zu können. Man muß Kopf und Blickrichtung heben und verschiedentlich bewegen, um den ganzen Berg, die ganzen Häuser usw. zusammen zu sehen. Damit projizieren wir nicht mehr auf *eine* Wand, senkrecht zur Blickrichtung, wie es die perspektivischen Konstruktionen verlangen, und wir „sehen" als Resultante der Erinnerungsbilder die Berge größer als auf den (unseligen) Ansichtskarten, die unsere naiven „richtigen" Eindrücke nicht wiedergeben können. Der Maler, der darbieten will, was er *sieht*, malt sie mit gutem Recht größer.

Liegende Bäume usw. scheinen uns viel größer zu sein als stehende.

Das Himmelsgewölbe erscheint uns nicht als Halbkugel, sondern als ein wesentlich flacheres Gewölbe.

Sonne und Mond werden im Horizont viel größer gesehen als im Zenith.

Bei der verschiedenen Beurteilung der Länge liegender und stehender Objekte spielt wahrscheinlich die verschiedene Muskelarbeit im Auge eine Rolle. Wie bereits gesagt, wandert das Auge bei der Betrachtung den Gegenstand entlang und sammelt so die zahlreichen Einzeleindrücke, die der Geist sodann zu einem Gesamtbild vereinigt. Bei Bewegung in horizontaler Richtung muß offenbar andere Muskelarbeit zur Verdrehung des Auges hineingesteckt werden als bei Hebung des Blickes; mehr Arbeit läßt uns vermutlich den Gegenstand als größer bewerten.

In diesem Sinne sei auf die vielfach sehr lehrreichen optischen Täuschungen (S. 5 ff.) zurückverwiesen. Wenn, um einen Fall herauszugreifen, in der Abb. 12 und folgenden das Auge einen Linienzug abtastend einen größeren Weg zurückzulegen, mehr Arbeit zu leisten hat, so drängt es geistig gleichsam die Linien auseinander oder es bremst bei der Wanderung zu einer Spitze nicht plötzlich ab, sondern möchte nach dem Beharrungsprinzip den Weg noch weiterverfolgen und vermittelt damit die optische Täuschung.

Wollen wir wiedergeben, was wir *wirklich sehen*, und bei einem Bild künstlerisch und nicht photographisch starr wirken, so werden wir mit vollem Recht nicht nur die Sonne und den Mond, sondern auch Berge und hervorstechende Gegenstände, die wir besonders aufmerksam und lange, sie aus der Umgebung heraushebend, fixieren und dergleichen wesentlich größer darstellen müssen, als es den geometrisch-perspektivischen Gesetzen nach dem Winkelmaß entspricht. Leider sind wir durch die zahllosen photographischen Ansichtskarten und konstruierten Landschaftsbilder schon vielfach in unserer Beurteilung dermaßen „erzogen“ oder verdorben, daß wir uns einreden, die Berge usw. erschienen wirklich so klein als auf diesen Darstellungen; diesem fortschreitenden „Erziehen in falscher Richtung“ sollte energisch entgegengetreten werden. Kein naiver Beobachter, kein unbefangenes Kind wird die Gegenstände in der „Größe“ sehen, die die Landschaftsaufnahmen der Ansichtskarten bringen. *Die Ansichtskarte fälscht gar oft den Anblick der Natur.* Sie mag vom Standpunkt des Photographen aus eine ausgezeichnete Leistung sein, auch sonst unser Wohlgefallen erwecken, als *Bild* widerspricht sie sehr häufig dem, was der naive Mensch, der unverbildete Künstler sieht und malt. Das Kunstwerk eines individuellen Künstlers vermag sie niemals zu ersetzen.

B. Das Sehen mit beiden Augen.

Betrachten wir eine Photographie oder auch ein Gemälde, so fällt uns im Vergleich mit dem direkt angeschauten abgebildeten Gegenstand zunächst auf, daß die körperliche Tiefenwirkung des Raumes fast ganz fehlt oder nur hineingedacht werden kann. Bei der Photographie ist das noch auffallender, weil dem Maler durch verschiedene Kunstgriffe, die mit der reinen Konstruktion nichts zu tun haben, wie Helligkeitsunterschiede entsprechend der „Luftperspektive“, Unschärfen, kleine Verschwommenheiten und anderes, die Möglichkeit geboten ist, wenigstens teilweise einen räumlichen Eindruck zu erzielen.

Auch das einzelne Auge kann, wenngleich nicht sehr vollkommen, bei einiger Übung eine Raumtiefe erkennen lassen, indem die wechselnde Akkommodation und Adaption für verschieden weit entfernte Gegenstände uns eine solche zum Bewußtsein bringen.

Ein Beweis dafür, wie wenig wir aber daran gewöhnt sind, mit nur einem Auge zu sehen, findet sich in dem Umstand, daß wir uns sehr unbeholfen benehmen, wenn wir nach Schließung eines Auges etwa ein Stäbchen rasch durch einen seitlich gehaltenen Ring ziehen oder ein Glasrohr in eine Flasche mit engem Hals stecken, in eine Flasche etwas eingießen sollen oder einen Faden in eine Nadel einfädeln usf. Man fährt oder gießt dabei meist daneben.

Das normale *Sehen mit zwei Augen* ermöglicht uns in viel besserer Weise die Raumerfassung, das körperhafte Sehen.

Im allgemeinen beträgt die Augendistanz der Menschen 65 bis 75 mm. Jedes Auge sieht daher nicht gar zu entfernte Gegenstände von einem anderen Standpunkt unter etwas anderem Winkel, beide zusammen schauen also gleichsam ein wenig hinter denselben. Dieses Zusammenwirken erweckt in uns die räumliche Vorstellung. Wesentlich ist dabei, daß zwar *ein* körperlicher Gegenstand im rechten und im linken

Auge je ein Bild auf seiner Netzhaut, also *zwei* ein wenig verschiedene Bilder erzeugt, daß aber beide Augen gemeinsam uns nur das Vorhandensein *eines* einzigen Körpers zum Bewußtsein kommen lassen.

Fertigt man zwei perspektivisch konstruierte Zeichnungen desselben Objektes an, von zwei Standpunkten aus, die der Augendistanz entsprechen, oder macht man zwei photographische Aufnahmen mit zwei gleichen Objektiven, die nebeneinander angeordnet sind, so erhält man zwei Bilder, die je einem der von beiden Augen gesehenen zugehören. Mittels eines *Stereoskopes* (*Wheatstone*, 1833), das ist einer Vorrichtung, die es gestattet, diese zwei Bilder so zu betrachten, daß das linke Auge nur das für dieses aufgenommene, das rechte das für jenes bestimmte allein erblickt — wozu man die Photogramme rechts-links nach ihrer Entwicklung vertauschen muß —, während jeweils das andere durch einen passend angebrachten kurzen Zwischenschirm abgedeckt wird, sind wir in der Lage, solche Bilder bei richtiger Wahl der Distanz derart auf unseren beiden Netzhäuten zu entwerfen, daß sie für unser Bewußtsein in eines verschmelzen. Dann sieht man den Gegenstand körperlich im Raume. Ein Beispiel dafür sei in dem Rhombendodekaeder Abb 71, 72 und 73 gebracht, zu deren Betrachtung man freilich ein Stereoskop braucht, wie es aber leicht zu beschaffen ist. Abb. 74 zeigt eine analoge Naturaufnahme[1].

Die Aufnahme Abb. 74 wirkt bei unmittelbarer Betrachtung schal, unansehnlich, unzureichend einförmig durch ihre weiß-grau-schwarzen Flecken.

Bei Anwendung eines Stereoskopes wird sie lebendig und die grauweißen Stellen der Glasscheiben usw. verschmelzen zu deutlichem Glanz.

Wählt man die Distanz der Objektive zur Aufnahme größer als die Augendistanz, so kann man die Raumwirkung noch verstärken und übertreiben, weil man dann noch mehr hinter den Gegenstand sieht. Dieses Prinzip ist in den sogenannten Entfernungsmessern, bei Fernrohren in ausgiebiger Weise zur Anwendung gelangt.

Bei dem Sehen mit zwei Augen kommt aber noch ein weiterer Umstand zur Geltung, der bei einäugigem Sehen fast gänzlich fehlt, der *Glanz*.

Schauen wir (in Abb. 75) zweiäugig die abwechselnden schwarzen und weißen Streifen eine Weile an, so verschwimmen sie sehr bald vor unseren Augen und bei längerer Betrachtung bekommt man Kopfschmerzen. Wir nannten solche Papiere scherzweise „Migränpapiere". Das Auge ist beim Beschauen niemals in Ruhe und dadurch werden auf der Netzhaut, einander ständig übergreifend, in raschester Folge die Eindrücke Schwarz und Weiß unmittelbar benachbart erzeugt und das führt

[1] Die Abbildungen 71 bis 74 sind am Schlusse des Buches in einer Tasche beigefügt.

Abb. 75. „Migräne“-Papier.

in diesem Falle zu Übermüdung und Versagen des Auges. (Als Tapetenmuster sind derartig gestreifte Papiere direkt schädlich für unsere Augen.)

Bei *Moiré*stoffen sind dicht nebeneinander zwei Systeme nahe paralleler Strichlagen eingepreßt. Je nach der Blickrichtung sehen wir solche Stoffe in verschiedener Weise „glänzen".

In der Abb. 74 wirken unmittelbar nebeneinander befindliche schwarze und weiße Stellen auf Gläsern und anderen Gegenständen, die von jedem Auge als Momentaufnahme eben nur als solche gesehen werden und die bei Betrachtung ohne Stereoskop auch nur schwarz, grau und weiß erscheinen, bei Verwendung des Stereoskopes in räumlichem Anblick deutlich glänzend. Man beachte die Glanzwirkung der Fenster und die der zusammengestellten glänzenden Gegenstände.

Die Abb. 71, schwarz auf weißem Grund gezeichnet, oder Abb. 72, weiß auf schwarzem Untergrund, sieht im Stereoskop betrachtet wie ein räumliches Drahtgestell aus. Wählt man aber (Abb. 73) die eine Hälfte schwarz auf weiß, die andere weiß auf schwarz und bringt nunmehr die beiden Bilder im Stereoskop zur Deckung, so hat man viel eher den Eindruck eines teilweise glänzenden Glaskörpers. Der Glanz kommt dabei dadurch zustande, daß die Linien nicht haarscharf genau gezeichnet sind, sondern ein wenig abweichen. Auch wenn abwechselnd die ganzen Flächen in Abb. 71, 72 schwarzgrau und weiß sind, so zwar, daß was links dunkel rechts hell ist, wird der stereoskopische Anblick als der eines Glaskörpers empfunden. Die verschiedenen Meldungen der beiden Augen verschmelzen im zentralen Gehirnorgan zu einer einheitlichen Auffassung, die aber eine andere ist, als es den Einzeleindrücken der Augen entspricht.

Schaut man einen glänzenden Gegenstand zuerst zweiäugig an und schließt dann das eine Auge, so wird der vorher einigermaßen verschwommen wahrgenommene durch einen viel schärfer begrenzten weißen Fleck ersetzt, immerhin behält man auch dann noch die Vorstellung von Glanz, wenn auch nicht so stark wie beim Sehen mit beiden Augen. Ob dabei Erinnerungsurteile an das früher zweiäugig Gesehene mitspielen, sei hier nicht untersucht. Jedenfalls sieht auch das *eine* Auge nicht nur *ein* Momentbild, wie der photographische Apparat, sondern nimmt, während es um den glänzenden Punkt ein wenig umherwandert, auch dann eine große Anzahl nicht ganz identischer Eindrücke auf, die verschmelzen und die genannte Wirkung erzeugen.

Der Maler kann die Wirkung durch scharf aufgesetzte Lichter mit leichter Verschwommenheit gegen die Umgebung einigermaßen, aber nie wirklich vollkommen wiedergeben.

Auf die Bedeutung des zweiäugigen Sehens neben dem einäugigen für die Erscheinungen der optischen Täuschungen wurde bereits auf S. 8 hingewiesen.

Für die Tiefenwirkung im Raume ist die *Bewegung der Gegenstände* eine sehr wesentliche Unterstützung. Einfache Zeichnungen oder Photogramme geben nur Augenblicksbilder und es wirken sogar manche Momentbilder wegen der Ungewohntheit oder Unmöglichkeit, sagen wir z. B. ein Pferd im Sprung gerade in dieser Situation zu „sehen", weil der Eindruck zu kurzfristig ist, zuweilen befremdlich. In der *Kinematographie* und Kinematoskopie gelingt es aber durch Summation von Folgebildern im Auge den Eindruck von Bewegung zu reproduzieren. Hierauf soll hier nicht näher eingegangen werden und es sei nur wiederholt, daß, um den Eindruck eines kontinuierlichen Vorganges zu erwecken, dazu mindestens 16 Bilder in der Sekunde erforderlich sind.

C. Die Freude an der Symmetrie und andere Einflüsse auf unser Kunst- und Schönheitsempfinden.

Es kann kaum bezweifelt werden, daß zu den Grundlagen des Schönheitsempfindens das Bedürfnis nach Symmetrie gehört. Darunter ist die Gleichheit der Formen, spiegelbildlich rechts und links oder oben und unten oder in zentraler Symmetrie für mehrere Achsen vielfältiger ringsum die Wiederholung des Bildes und dessen Zusammensetzung aus diesen gleichartigen Teilen zu verstehen. Derartige spiegelbildliche Wiederholungen erregen unser Wohlgefallen.

Man kann dies durch das physikalisch-physiologische „Prinzip des kleinsten Zwanges" deuten. Biologisch wird Wohlempfinden durch Erleichterung der Arbeit hervorgerufen und Muskel- und Nerven- und geistige Arbeit werden erleichtert bei Wiederholungen und besonders auch bei solchen spiegelbildlicher Art. In schlichten Worten könnte man daraus ein gewisses „Recht auf Bequemlichkeit" oder gar „Recht auf Faulheit" herleiten, wie es auch in der berühmten Forderung des Physiker-Philosophen *Mach* nach der *„Ökonomie des Denkens"* steckt.

Allzugroße Gleichheit oder allzuofte Wiederholungen wirken aber starr und eintönig, einschläfernd, ermüdend und deshalb sind kleine Abweichungen von der genauen Symmetrie, wie sie ja auch der menschliche Körper immer zeigt, dem Künstler vielmals Bedürfnis. Es freuen uns solche kleine Störungen, wie ein wohlangebrachter Witz in einer gleichförmigen Vorlesung aufmunternd wirkt; es freuen uns kleine Unregelmäßigkeiten in einer Handarbeit gegenüber allzugenauer Gleichmäßigkeit bei maschinellen Erzeugnissen.

Man darf nicht verkennen, daß das Schönheitsempfinden auch abhängig ist vom Alter des Betrachters. Nicht nur seine geistige Entwicklung aufwärts und abwärts beeinflußt es, es gibt dafür auch altersbedingte körperliche Änderungen. Es wurde bereits darauf hingewiesen, daß im Alter die Akkommodationsfähigkeit und auch die Adaptionsfähigkeit der Augen abnehmen und dadurch das Sehen verändert wird. Wenn auch in diesen Darstellungen sonst ganz darauf verzichtet wurde, auf den ungeheuren Einfluß, den die Farben auf den Bildeindruck haben, einzugehen, weil dies über den Rahmen dieses Buches zu weit hinausführen würde, so sei doch hier auch darauf hingewiesen, daß im Alter der Glaskörper des Auges gelblicher zu werden pflegt. Dadurch wird aber insbesondere die Empfindung für das komplementäre Blau verändert, einer unserer Farbengrundempfindungen, und damit muß sich der Gesamteindruck eines Bildes in Natur und Wiedergabe verändern.

Freilich, wenn Blätter, Bäume, Berge und dergleichen jetzt auf alten Bildern zuweilen gar zu blau statt grün erscheinen, so hat das damit nichts zu tun; wir verdanken so etwas meist der allmählich eingetretenen chemischen Veränderung der Farben durch Alter oder Restaurierungen.

Es ergeht uns mit dem Altern in der Musik auch nicht anders. Die Hörgrenze nach oben nimmt ständig ab, wir hören viele charakteristische Obertöne, die die Klangfarbe beeinflussen, dann nicht mehr und der Gesamteindruck, soweit er auf dem unmittelbar Gehörten beruht, muß sich damit wandeln. Allerdings „hört" der wahre Musiker gar nicht ausschließlich durch die Ohren, er „vernimmt" Musik auch rein geistig beim Lesen einer Partitur und der fast taube Beethoven z. B. hat noch die herrlichsten Werke geschaffen.

Immerhin sollte man vielleicht von den schaffenden Künstlern geradezu verlangen, daß sie auf ihren Werken vermerken, in welchem eigenen Alter und für welches Alter der Beschauenden sie ihre Kunstwerke schufen.

Daß man durch geeignete Beleuchtung von bestimmter Richtung her — wie dies in gutgeleiteten Museen bereits geschieht — den Bildeindruck vorteilhaft beeinflussen kann, ist allgemein bekannt. Man kann auch durch die Wahl der Farbe des Beleuchtungslichtes manches verbessern, manches verderben, zuweilen auch Veränderungen, wie sie infolge des

Alterns der eigenen Augen entstanden sind, korrigieren. Dies wird aber im allgemeinen eine ganz individuelle Angelegenheit und verlangt besonderes Selbststudium.

Jedenfalls muß man daran denken, daß Urteilsunterschiede bei „Alten" und „Jungen" nicht nur auf geänderten Zeitgeist, sondern in mancher Hinsicht auf das geänderte Sehvermögen zurückgeführt werden können.

Damit kommen wir nun auch noch auf den Einfluß von Zeitgeist und Mode zu sprechen.

D. Einwirkungen der Mode.

Die ästhetischen Bedürfnisse unterliegen dem Wandel der Mode. Verlegung des Schwerpunktes für Blickrichtung und Aufmerksamkeit durch entsprechende Kleidung, „make up" usf., sind ein Spezialstudium der Damenwelt und der Schauspieler.

Wir wollen nur einiges Wenige herausgreifen.

Der Kopf eines Menschen hat etwa $^1/_6$ bis $^1/_7$ der Länge seines Körpers. Eine solche Darstellung läßt den Körper für unseren Geschmack oft allzu gedrungen erscheinen und wirkt deshalb nicht „schön". Daher findet man bei Malern die häufigen Kniestücke, die rechtzeitig abbrechen, um nicht das Ende des Körpers zu nahe zu zeigen (Abb. 76 a), daher die Anwendung von verlängernden Schleppkleidern (Abb. 76 b, e) und auch von längenverändernden Stoffmustern (vgl. Optische Täuschungen). Korpulente Personen sollen keine Farben und Muster in ihrer Kleidung tragen, die die Figur noch verbreitern würden. Deshalb sind längsgestreifte Hosen besonders angebracht bei kleinen Leuten oder solchen mit kurzen Beinen. „Shorts" einerseits und lange Hosen anderseits eignen sich nicht für alle Frauenbeine.

Die Schminke der Schauspieler, z. B. Weiß an der richtigen Stelle angebracht, zieht die Aufmerksamkeit dorthin, verlängert oder verkürzt nach Wunsch den Eindruck, den die Nase etwa macht.

Die richtig gewählte Frisur — hoch ausgeführt, gegebenenfalls mittels einer Perücke — ist von Wichtigkeit, wenn der Beschauer den Mittelpunkt der Betrachtung des Antlitzes auf schöne Augen und Stirnen richten, glatt und niedrig, wenn die Aufmerksamkeit auf einen berückenden Mund gelenkt werden soll, je nach ihrer Form die Gestalt des Kopfes verlängernd oder verbreiternd, um die hervorzuhebenden Einzelheiten zur Geltung zu bringen.

Für die Größenverhältnisse Kopf zu Gesamtfigur sind der herrschende Geschmack und die Mode ausschlaggebend. Man mag irgendwelche Modenzeitschriften oder Modellblätter in die Hand nehmen, überall wird man die Figuren im Verhältnis zur Kopfgröße in ganz beträcht-

Abb. 76a.

Abb. 76a. Modebild. Das Bild bricht oberhalb der Knie ab — und bis dahin hätte der Kopf schon rund $^1/_6$ der Zeichnung.

Abb. 76b. Modebild. Die Figuren sind im Verhältnis zum Kopf viel zu lang.

Abb. 76c und Abb. 76d. Heinrich Aldegrever z. B. zeichnet im XVI. Jahrhundert die „feinen" Leute mit kleinen Köpfen zu überlangen Körpern, das einfachere Volk hingegen hat normale Verhältnisse der Kopfgröße.

Abb. 76e. Dame in verlängerndem Schleppkleid.

Abb. 76f. Kopf zu Körperlänge rund $^1/_{10}$.

Abb. 76b.

Abb. 76c.

Abb. 76d.

Abb. 76e.

Abb. 76f.

lichem Ausmaß zu lang finden. Sie haben Beine, wie sie in der Natur nicht zu finden sind — das entspricht dem Verlangen nach gotisch-langen Idealgestalten, wie sie auch heute noch beliebt sind. Wie erwähnt, beträgt die Kopflänge rund $^1/_6$ bis $^1/_7$ der Körperlänge, der Geschmack unserer Zeit verlangt aber längere, schmale Gestalten und dem müssen die Modezeichner Rechnung tragen. Man muß konventionelle Zugeständnisse machen, um der Ästhetik Genüge zu tun. In den Bildern Abb. 76 a, b, d, f, beträgt das Verhältnis Kopf zu Gesamtkörper statt 1 : 6 rund 1 : 8 bis 1 : 10, man findet aber noch extremere Abweichungen wie 1 : 12 usw.

Eine andere Modenfrage sind unter anderem die „kleinen Füße". Sie waren und sind bekanntlich bei den Chinesen ein Schönheitserfordernis, aber sie sind auch auf europäischen Bildern sehr beliebt. Das bezeugen schon z. B. die Modefiguren Abb. 76 b und i, wo die Füße merklich kleiner sind als die Köpfe, während sie in natura angenähert gleich groß sein sollen. Noch auffallender ist dies auf den Kinderbildern (Abb. 76 g, h) aus der älteren und späteren Biedermeierzeit (1839 und 1860), die, wenn auch Kinderköpfe relativ zu den Füßen größer sind als bei Erwachsenen, doch der damaligen Modegeltung entsprechend winzige Füßchen zeigen.

Das Idealbild der menschlichen Figur schwankt mit der Mode und dem Zeitgeist und damit muß es auch die malerische Darstellung tun. Deshalb macht sich der Künstler — mit Recht — frei von der Forderung, *nur* ein naturgetreues Bild der Erscheinungen, ob Mensch oder Landschaft, zu geben, wie sie vom Konstrukteur oder Photographen verlangt werden. Er versucht aus seiner Individualität heraus die Individualität des von ihm Geschauten wiederzugeben, das ist nicht eine Momentaufnahme, sondern es sind die herausgeschälten, wechselvollen Charakterzüge, die er aus vielen Einzeleindrücken in einem Gesamtbild zusammenzufassen trachtet.

So wie die Mode den Geschmack beeinflußt, zeitweise die Hervorhebung, zeitweise die Unterdrückung gewisser Körperteile des Menschen begehrt, zeitweise die schlanke Linie, dann wieder die mittelschlanke oder vollschlanke oder „mollerte" üppige Formen — man denke z. B. an *Rubens* — bevorzugt, so muß auch der Maler dem Zeitgeist und Zeitempfinden Rechnung tragen — wenn er nicht selbst als großer Neuerer die Mode in bestimmte Anschauungsrichtungen zu lenken berufen ist. Was heute der eine „*so*" sieht, kann morgen der andere ganz anders sehen.

Wo es dekorative Kunst gilt oder plakatartigen Mitteilungen, werden die relativen wirklichen Größen der Gegenstände oft ganz außer acht gelassen. Darauf wird anläßlich der eingehenderen Besprechung einiger Bilder noch näher eingegangen.

Unter Umständen muß vom Maler übrigens auch auf die optischen Täuschungen Rücksicht genommen werden. In dieser Hinsicht sei speziell

Abb. 76 g. Kinderbildnis mit zu kleinen Füßen, 1860.

Abb. 76 h. Kinderbildnis mit zu kleinen Füßen, 1839.

Abb. 76 i. Modebild von 1842. Aus „Petit Courrier des Dames, Journal des Modes". Man beachte die zu kleinen Köpfe, zu kleinen Füße, zu kleinen Hände, zu kleinen Münder der beiden Herren links, während die Maske „Le Dieu Mars" rechts angenähert richtige Größenverhältnisse aufweist (zum Schatten vgl. auch Abb. 103).

auf die Größenunterschiede liegender und stehender Objekte und Linien (vgl. S. 9 ff.) und auf die Verzerrungen paralleler Gerader durch eingeschaltete Zwischenlinien hingewiesen (vgl. Abb. 25, 26). Etwas Ähnliches zu den erwähnten Linienzügen läßt sich bei perspektivischen Linien von Häuserfluchten mit den parallelen Vertikalen und den fliehenden, schneidenden Horizontalen manchmal wiederfinden und der Maler muß es natürlich vermeiden, derartige Eindrücke zu erwecken.

Bilderbetrachtung.

A. Historischer Rückblick auf die Entwicklung der Perspektive.

Welche Konsequenzen mag der Maler aus dem Gesagten ziehen, welche der unbefangene Bildbeschauer?

Zur Beantwortung dieser Fragen empfiehlt es sich, zuerst ganz kurz auf die Aufgaben zurückzukommen, welche den Künstlern ursprünglich zukamen.

Im Anfang hatte die Malerei nur die Aufgabe, Erinnerungen wach zu erhalten und Mitteilungen von Geschehnissen zu machen, und zwar in dem Ausmaß, daß man Malerei und Mitteilung gleichsetzen konnte. Später entwickelte sich daraus einerseits die *Bilderschrift*, anderseits die *Malerei im heutigen Sinn*, die nun entweder Darstellungen des Geschauten brachte oder den Zweck hatte, Räume zu schmücken. In der Aufgabe zur Ausschmückung der Räume und Gebäude entwickelten sich zunächst die Mosaikbilder (Musivkunst), die Fresken- und schließlich die Tafelmalerei.

In der altägyptischen Kunst ist die Bedeutung meist nur die einer Bilderschrift. Es handelt sich hier nicht nur um ein Abbilden und Schildern, sondern vor allem um ein *Erzählen*. Die entsprechenden Darstellungen auf Sarkophagen und Bauwerken bringen Kenntnis von den wichtigsten Ereignissen aus dem Leben der Könige und hervorragender Personen. Die Perspektive fehlt fast ganz. Kopf und Füße sind z. B. von der Seite wiedergegeben, der Rumpf dagegen von vorne (Abb. 77). In möglichster Deutlichkeit und Breite gibt der ägyptische Künstler volle Ansichten desjenigen Gegenstandes, den er für den wichtigsten hält und den er festlegen will. Untergeordnetes wird kleiner dargestellt, z. B. der Sohn oder Sklave in Abb. 77, als was wichtig erscheint. Das ist ein Prinzip, das sich bis in die spätchristliche Kunst erhalten hat. So wird die Bedeutung der einzelnen Heiligen dort oft durch ihre relative Größe veranschaulicht. Die Entwicklungsfähigkeit blieb in dieser Hinsicht gering und es läßt sich als Grund dafür angeben, daß die Künstler,

Abb. 77. Aus Howard Carter, Tut-ench Amun, II. Bd., S. 38.

Abb. 78. V. Jahrhundert v. Chr.

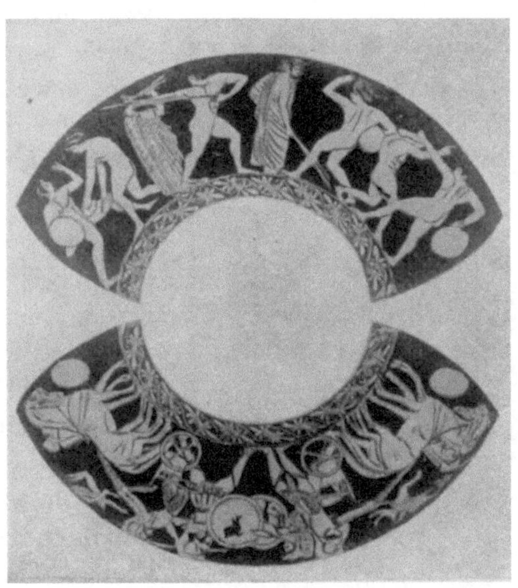

Abb. 79. Anfang des III. Jahrhunderts v. Chr.
Nach O. Jäger, Geschichte des Altertums, 2. Aufl., 1894, S. 152 und 166.

da ihre Wirksamkeit im wesentlichen im Dienste des Totenkultes stand, meist schulmäßig nach älteren Vorbildern arbeiteten.

Während die ägyptische Kunst vorwiegend Gedanken zum Ausdruck bringt, die auf für uns schwer verständliche Weise das Mysterium ihrer Religion symbolisierten, verkörperte im Gegensatz hiezu die griechische, ebenso wie die Religion der Griechen, die Schönheit. Indessen demnach solche ägyptische Darstellungen ihre Entwicklung hauptsächlich in der Richtung einer nebstbei zur Dekoration dienenden Bilderschrift finden, sehen wir im griechischen Kulturkreise schon sehr frühzeitig Abbildungen, die den Versuch machen, dem unmittelbar Gesehenen gerecht zu werden. Man erzählt bekanntlich von *Apelles* (IV. Jahrhundert v. Chr.), daß er Weintrauben in so naturgetreuer Weise malte, daß die Vögel geflogen kamen, um daran zu picken. Altgriechische Figuren und dergleichen — auf Vasen, auf Wänden, in Mosaikfußböden — sind meist schon in annähernd richtiger Verkürzung wiedergegeben. Die Köpfe pflegen freilich, so wie bei den Ägyptern, nur im Profil dargestellt zu werden, was weniger Perspektive verlangt, Schatten und perspektivische Verknüpfung fehlen noch.

Trotz dieser Ansätze sind die Figuren oft willkürlich neben- oder übereinandergeordnet (vgl. Abb. 80). Der Hintergrund fehlt, da diese Kunst die Wand nur schmükken, nicht aber den Raum durch perspektivische Illusion erweitern sollte. Ausführliche Darbietungen findet man bei *Richard Muther,* Geschichte der Malerei, dem ich hier folge.

Abb. 80. Orpheus, Antikes Mosaik in Palermo. Nach Piro Marconi. Il Museo Nazionale di Palermo, 1936. 2. Aufl. Itinerari dei Musei e Monumenti d'Italia.

Auch in der frühchristlichen Kunst finden wir noch die gleiche Darstellungsart und es fällt dabei die oftmalige Wiederholung ganz gleichgestalteter Figuren auf (ähnlich wie bei den Ägyptern), z. B. von Heiligen. Vielleicht wirkt das im ersten Augenblick monoton, aber bei längerem Zusehen erweckt es das Gefühl der Religiosität und des Ewigkeitsgedankens.

Die dekorative Kunst jener Zeit, besonders in den Mosaiken (Musivkunst), ist sehr eindrucksvoll. Von mobilen Bildern aber weiß dieser Zeitabschnitt noch nichts: Architektur und Malerei treten nur als Teile einer einheitlichen Raumkunst auf. Das XIII. Jahrhundert beendigt diese Epoche. Das Bedürfnis nach Beweglichkeit der Bilder, nach mehrfacher Verwendbarkeit an verschiedenen Orten, bei Prozessionen usw. tritt ein. Die *„Tafel"-Malerei* nimmt ihren Anfang. Die Bilder, erzählenden Charakters, werden nun gleichsam wie zu Bilderbüchern in den Kirchen und anderen Ortes nebeneinandergestellt, ihre Aufgabe ist es, fast ausschließlich die Heilige Geschichte zu bringen, nicht mehr nur dekorativ zu wirken.

Neben der Tafelmalerei kommt auch die Freskomalerei zur Geltung und es wird, wie auch in der Tafelmalerei, notwendig, den Hintergrund auszuführen, sei es als Landschaft, sei es architektonisch.

Die Perspektive kommt zu ihrem Recht.

In diesem Zeitabschnitt wird das Auftreten *Giottos* (1267 bis 1337) von besonderer Bedeutung, wenngleich seine Perspektive auf uns derzeit zum Teil überraschend wirkt, da er z. B. die Vertikalen nicht immer parallel bringt (Abb. 81).

Auch seine Malerei hat den Zweck, dem des Lesens Unkundigen die Geschichte der Glaubenslehre zu erzählen, aber bei ihm werden Umgebung und Hintergrund schon wichtige Bestandteile für die Schilderung des Geschehens. Welche Bewunderung er bei seinen Zeitgenossen fand, zeigt der Ausspruch eines derselben, der sagte, daß *Giotto* „ein solches Genie sei, daß es nichts in der Natur gäbe, was er nicht so abgebildet hätte, daß es nicht nur der Sache ähnlich, sondern diese selbst zu sein scheine". Dennoch wirken auf uns seine Hintergründe befremdlich; sie sind weder perspektivisch einwandfrei gezeichnet, noch stehen sie im richtigen Verhältnis zu den Figuren. Die Menschen sind oft größer als die Häuser, in denen sie wohnen (Abb. 82).

Noch fehlen die Schatten fast ganz; wo solche vorhanden sind, erscheinen sie stilisiert (vgl. hiezu auch noch viel spätere Darstellungen, S. 93 ff). Auch er bringt die Figuren noch je nach ihrer Bedeutung in verschiedener Größe, wie schon erwähnt, ein allgemeines Kennzeichen primitiver Kunst. Sie werden zudem noch meist nebeneinandergereiht, nicht, wie später, räumlich-perspektivisch angeordnet.

Das „Nebeneinander" und „Übereinander" bleibt für verschiedene Schilderungen noch lange später auch erhalten. Ein Beispiel dafür sei in Abb. 83 (S. 75) gegeben (weitere vgl. S. 81 ff., Abb. 90, 91, 92).

Schon *Giotto* hatte zwar die Geschehnisse, die er darstellte, in Landschaften und Baulichkeiten verlegt, doch auch er ging über das Flächenhafte kaum hinaus. Selbst die Personen sind bei ihm noch im Sinne des klassischen Reliefstiles nebeneinandergestellt. Sogar, wenn sie aus-

Abb. 81. Giotto di Bordone (1266 bis 1337).
Aus der Legende des Heiligen Franciscus, Assisi.

Abb. 82. Giotto di Bordone (1266 bis 1337).
Aus der Legende des Heiligen Franciscus.

Abb. 83. Französische Miniature aus dem XV. Jahrhundert.
Krankheiten der Hunde und ihre Kuren. Nach Paul Lacroix, Moeurs au moyen age.

Abb. 84. Florentinische Schule. Domenico Morone (1442 bis 1508). Turnier.
London, Nationalgalerie.

nahmsweise hintereinander stehen, wird das Gefühl, sie räumlich zu sehen, nicht vermittelt. Die Baulichkeiten sind nicht als Räume gedacht, in denen sich die Menschen bewegen, sondern sollen nur ornamental, z. B. als Umrahmung wirken. Instinktiv versuchen seine Nachfolger aus der Flächenkunst eine Raumkunst zu machen, gelangen aber zunächst über ein gewisses Tasten nicht hinaus.

Das nächste Jahrhundert bringt uns schon perspektivisch richtige Verkleinerungen und Verkürzungen, besonders in der Florentinischen Schule (vgl. Abb. 84).

Auch die Schatten werden nun meist korrekter gezeichnet. Die Künstler des XV. Jahrhunderts gehen von der Anschauung aus, daß man nur Dinge malen könne, die man *wirklich sähe.* Sie wählen im Gegensatz zur Gotik, die für ihre langen, schmalen Formen auch die Menschen schmal und lang darstellte, das quadratische Format, um „natürlich" malen zu können. Früher war der Hintergrund meist nur eine glatte blaue oder goldene Fläche gewesen, von der sich die Figuren abhoben; nunmehr werden die Heiligen in den zu jener Zeit gebräuchlichen Wohnstuben gezeichnet, an denen man kunstgewerbliche Studien der damaligen Einrichtungen machen kann. Es kommt zu einer Spezialisierung der Künstler, die sich entweder vornehmlich anatomischen oder perspektivischen Studien zuwenden. Die Tiefenwirkung wird insbesondere durch Landschaftsdarstellungen verstärkt, die Malerei ist aus dem Ornamental-Flächenhaften ins Räumliche transponiert. Dazu treten im XV. Jahrhundert die ersten „Realisten" auf, die eine ganz neue Richtung in die Malerei bringen (vgl. Abb. 85, *Uccello,* 1397 bis 1475).

An Stelle des Tastens treten allmählich klare Erkenntnisse über das Wesen der Perspektive und es wurden Richtlinien gefunden, um perspektivisch fehlerfrei arbeiten zu können. Unbewußt gab der geniale *Masaccio* (1401 bis 1428) diese Gesetze in seinen Werken (vgl. Abb. 86). Bewußt schuf ihre Grundlage der Baumeister *Brunellesco* (1379 bis 1446), unterstützt von dem Maler und Arzt *Paolo Toscanelli* (1397 bis 1482). Er bewies als erster in aller Schärfe, daß alle Objekte desto kleiner erscheinen, je weiter sie vom Auge ent-

Abb. 85. Paolo Uccello, 1397—1475, Reiterschlacht, Florenz, Uffizien.

fernt sind. Damit war der Weg gewiesen, den die Malerei gehen sollte. Die theoretische Begründung und Erweiterung für *Brunellescos* Regeln brachte 1435 *Leo Battista Alberti* in seinem *Traktat über die Malerei.* Sein Verdienst war es, die mündliche Überlieferung schriftlich niederzulegen.

Abb. 86. Thomas Guidi, genannt Masaccio (1401 bis 1428). Disputation der hl. Katharina, San Clemente, Rom.

In der *Reliefkunst* suchte damals der Florentiner Goldschmied *Lorenzo Ghiberti* (1378 bis 1455) mit den Möglichkeiten der Malerei zu wetteifern und verläßt die Regeln des klassischen Reliefstiles zugunsten eines perspektivischen, um in die Tiefe wirken zu können. Auch die *Intarsiatoren* nehmen *Albertis* Erfindung zum Ausgangspunkt einer neuen Richtung des Kunstgewerbes. Ein Zeichen dafür, wie sehr man sich im Quattrocento und später mit der Perspektive befaßt hat, sind die farbigen Holzinkrustationen der Möbel, die während langer Zeit nichts anderes sind als perspektivische Musterbeispiele.

Unter den Malern kommt *Paolo Uccello* (1397 bis 1475) wieder einen Schritt weiter. Das Hauptergebnis seiner Tätigkeit war, daß er mit Hilfe des Mathematikers *Antonio Manetti* die perspektivischen Regeln zu einem festen Lehrgebäude zusammenschloß. Er zeichnete immer mathematisch genau (vgl. Abb. 85 mit dem in die Tiefe gehenden Hintergrund), legte aber sein Augenmerk mehr auf die Perspektive, weniger auf die malerische Wirkung. Erst im 16. Jahrhundert sind seine Gedanken von *Raffael* (1483 bis 1520) wieder hervorgehoben worden. Sein Einfluß ist unter anderem bei der Reiterstatue des *Gattamelata* in *Padua* seines Schülers *Donatello* (1386 bis 1466) deutlich erkennbar. (*Gattamelata, Erasmo di Narni,* gestorben 1443, war 1438 bis 1441 Befehlshaber des Landheeres der Republik Venedig. Das Reiterdenkmal, von *Donatello* 1452 gegossen, ist seit dem Altertum das erste große Reiterdenkmal Italiens in Erz.) Selbst *Tizians* (1477 bis 1576) Reiterbildnis *Karls V.* hat *Uccellos* Ideen zur Voraussetzung. Die große Schwierigkeit lag hier darin, die *Untersicht* perspektivisch richtig wiederzugeben, *da ein Werk, das für eine hohe Aufstellung bestimmt ist, in der Linienführung anders be-*

Abb. 87. Umbroflorentinisch. Piero della Francesca (1420 bis 1492), Taufe Christi, Nationalgalerie London.

schaffen sein muß als ein Bild, das tief, in gleicher Höhe mit dem Betrachter hängt. Uccello hatte den Augpunkt hiefür berechnet.

Trotz dieser großartigen Entwicklung der Perspektive fehlen die Schatten, welche Gegenstände und Figuren werfen, noch sehr häufig. Das geschieht offenbar in dem Bestreben, Einzelheiten, die der Maler dem Beschauer mitteilen will, die aber im Schatten verschwinden würden, darstellen zu können. Gute Beispiele dafür sind Bilder von *Piero della Francesca* (1420 bis 1492, Abb. 87 und 88) sowie die späteren (Abb. 90, 91).

Während das XIV. Jahrhundert bei der Doppelaufgabe des Schmückens und Erzählens die Landschaft nur nebenbei gebraucht, bringt das XV. die Überleitung in das Räumlich-Tiefe und das ist der Weg, der von *Giotto* schließlich bis zu *Rembrandt* (1606 bis 1669) führt. *Pisanello* (1380 bis 1456) und der schon erwähnte *Uccello* stehen noch dem ersteren nahe. Sie bauten ihre Landschaften so auf, als ob der Betrachter, im Tale stehend, auf den Abhang eines Berges blicke, in dessen Hebungen und Senkungen sich die Ereignisse abspielten. Für die Florentiner Schule ist diese Auffassung verständlich, da Florenz von Bergen umgeben ist. Umbrien dagegen ist ein flaches Land und der Umbrier *Piero della Francesca* bricht mit dieser Tradition. Bei Betrachtung seiner Werke (vgl.

Abb. 88. Piero della Francesca (1420 bis 1492), Niederlage des Chosroes. San Francesco. Arezzo.

Abb. 87) steht man gleichsam auf einer Anhöhe und blickt in flaches Gelände hinein. Dabei ergab sich die Beobachtung der Wirkung der Atmosphäre und es wurde bemerkt, daß die Schärfe der Konturen und der Intensitätsgrad der Farben von der Entfernung der Objekte abhängig sei. *Piero* erkannte den linienauflösenden, farbenabtönenden *Einfluß der Luft.* Der bereits recht gut ausgebildete Raumstil gelangt bei ihm und seinem Kreis zu einer gewissen Vollendung. Doch verbleibt ein auffälliges Mißverhältnis zwischen der oft starren Profilstellung seiner Personen und dem Raumstil des Hintergrundes. Immerhin wird nun der Anstoß zu größerer Bewegungsfreiheit in der Porträtmalerei gegeben und sein Schüler *Roberti* (1450 bis 1496) bringt schon gut perspektivische und malerisch richtige Verkürzungen.

Eine noch vollendetere Auffassung hat *Andrea Mantegna* (1431 bis 1506). Auch er, der Schüler *Uccellos,* bereichert die Perspektive. Er gibt die Figuren auch gern in der Untersicht, so, wie sie der von unten heraufblickende Beobachter wirklich sehen würde, und sucht in der Art, wie er sie einordnet, in geschickter Weise den Eindruck der Tiefendimension hervorzurufen.

Indem er die Prinzipien *Uccellos* auch auf die Plafondmalerei überträgt, die Decken gleichsam öffnete und z. B. Putten so malte, „als seien sie wirkliche Wesen", die im Raume schwebten, wird er der Erfinder der *Gewölbemalerei,* die ihre Vollendung unter *Correggio* (1494 bis 1534) und *Veronese* (1528 bis 1588) findet.

Sein Schüler *Melozzo da Forli* (1438 bis 1494) bemühte sich ebenfalls, die Verkürzungen von unten gesehener Körper möglichst richtig zu bringen. Er hat jedoch nur auf die Freskomalerei Bedacht genommen, dagegen der Tafelmalerei keine besondere Aufmerksamkeit zugewandt.

Erst *Leonardo da Vinci* (1452 bis 1519) löst diese Aufgaben völlig. In ihm, dem Maler und Gelehrten, erblicken wir die Ausgestaltung dieser Entwicklung. Wenn er kritisch selbst zu seinen Vorgängern Stellung nimmt, geschieht es mit den Worten: „Der eine sieht seine Lebensaufgabe in der perspektivischen, der andere in anatomischen Studien, der dritte arbeitet eifrig an der Verbesserung der Malmittel." Nach seiner eigenen Meinung aber soll die Malerei die irdische Welt in all ihrer Schönheit spiegeln:

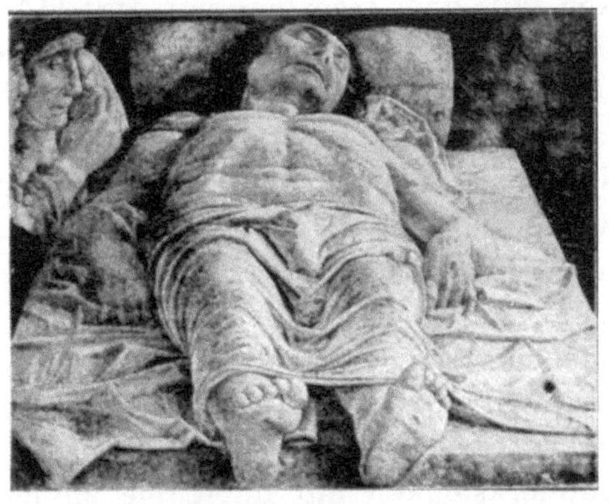

Abb. 89. Andrea Mantegna (1431 bis 1506). Leichnam Christi, Mailand, Brera.

„Die Malerei ist eine Spiegelplatte und dann um so besser, je genauer sie die Welt reflektiert.“

Damit ist der Werdegang der Perspektive in der Malerei — zum Teil unter Benützung von *Richard Muthers* Geschichte der Malerei, aus der einige Sätze wörtlich übernommen wurden, — bis zu einer Hochblütezeit der Malerei kurz skizziert und gezeigt, wie die führenden Geister damals über die Aufgaben und Errungenschaften der Kunst dachten.

Daß die Auffassung *Leonardo da Vincis* noch vollauf befriedigt, kann nach dem, was in den früheren Kapiteln gesagt wurde, vielleicht heute ernsthaft bestritten werden; sie verlangt zumindest Ergänzungen.

Dazu sollen nunmehr noch Besprechungen einiger Einzelbilder, die hier angeschlossen werden, Hinweise ergeben.

B. Malerische Darstellungen und Bemerkungen zu ihrer Betrachtung.

Es ist wohl sicher richtig, daß, wenn *Leonardo da Vinci* es als Aufgabe der Malerei bezeichnete, daß dieselbe die Natur wiederspiegeln solle, er nur eine Seite derselben damit kennzeichnete. Wie von altersher blieb es immer auch ein Bedürfnis, biblische Geschichte, Heiligenlegenden und dergleichen darzustellen, von wichtigen kriegerischen oder staatlichen oder höfischen Ereignissen in Bildern zu „erzählen“ oder, womit besonders die holländischen Künstler in beispielgebender Weise begannen, Schilderungen des täglichen Lebens und der Sitten des Volkes zu bringen.

Wenn dabei erstklassige Maler, wie *Lukas Cranach* d. Ä. (1472 bis 1553), dieselben Personen, Adam und Eva, wiederholt in verschiedenen Situationen auf demselben Bild in anfechtbarer Perspektive bringen (vgl. Abb. 90); oder *Geertgen van Sint* (1465 bis 1493) eine Heiligenlegende in ähnlicher Art (Abb. 91); oder *Albrecht Dürer* (1471 bis 1582) uns die „Marter der 10.000 Christen“ so schildert, daß sie oben noch lebend gezeigt werden, unten bereits getötet (Abb. 92), so liegt das eben in der Natur der Problemstellung. Die Aufgabe geht über die unmittelbare Wiedergabe des direkt Sehbaren hinaus. Hier bemühen sich die Künstler, das „zeitliche Nacheinander“ des Geschehens durch ein „Nebeneinander“ oder räumliches „Hintereinander“ zu ersetzen, und tatsächlich mag man in solchen Legenden die Vorstellung erhalten, gleichsam die Personen von einem Geschehnis zum anderen sich bewegen zu sehen. Je bedeutender der Künstler ist, mit um so größerem Geschick weiß er dabei unsere Aufmerksamkeit auf dasjenige zu lenken, was ihm das Wichtigste ist, und eventuelle perspektivische Fehler kommen dann nicht zur Geltung und zum Bewußtsein des Beschauers.

Für Darstellung ruhender Landschaften oder für Momentbilder von Szenen oder Personen aber bilden die Grundgesetze der Perspektive zweifellos ein sehr wichtiges, grundlegendes Moment und wenn wir hier Abweichungen feststellen können, so bedarf dies besonderer Beachtung.

Nehmen wir zum Beispiel, um nur einen charakteristischen Maler zu nennen, die zahlreichen, schönen Bilder von *Bernardo Bellotto,* genannt

Abb. 90. Lukas Cranach d. Ä. (1472 bis 1553). Das Paradies. Kunsthistorisches Museum, Wien.

Canaletto d. J. (1742 bis 1780, Abb. 93, 94) im Wiener Kunsthistorischen Museum. Sie sind nach den Regeln der Camera obscura, die keine Beschränkung des Gesichtswinkels hat, offenkundig „richtig" gezeichnet und konstruiert, auch die Schatten sind durchaus korrekt angebracht. Trotzdem läßt sich ein Bedenken äußern. Unser Gesichtsfeld ist für das ruhig horizontal blickende Auge, das zu dem vertikalen Tafelbild gehört, eng begrenzt (vgl. S. 36). In nicht zu breiten Straßen etwa muß man, um die höheren Stockwerke der Häuser zu sehen, hinaufschauen, das heißt die Blickrichtung aus der Horizontalen nach oben wenden.

Die Konstruktion für das vertikal bleibende Gemälde würde daher in der Natur vertikal vorhandene Kanten nach oben konvergierend verlangen (vgl. S. 37). Eine in diesem Sinne „richtige" Projektion wäre also nur in einem kuppelartigen Deckengewölbe möglich. Dennoch würde kein

Maler im Tafelbild Vertikale anders als parallel zeichnen. Er erweitert unbewußt das Gesichtsfeld, um die ganze Landschaft oder alle Objekte darin so aufnehmen zu können, wie es der horizontalen Blickrichtung

Abb. 91. Geertgen van Sint (Gerard van Harlem) (1465 bis 1493). Julian Apostata läßt die Gebeine Johannes des Täufers verbrennen. Kunsthistorisches Museum, Wien.

entspricht, so wie es auch die modernen „Weitwinkelapparate" der Photographen tun (Abb. 93 a, 94 a).

Wer die betreffenden Stellungen auf der Freyung oder auf dem Universitätsplatz zu Abb. 93, 94 aufsucht, von denen aus die Bilder gemalt sind, wird sich sofort davon überzeugen, daß man nicht alle Gebäude, die darauf dargestellt sind, mit „*einem* Blick" umfassen kann. Das Auge muß dazu herumwandern und zu den Bauwerken im Vordergrund hinaufblicken.

Jede von der obigen malerischen Darstellung abweichende Wiedergabe würde unserem ästhetischen Bedürfnis oder, wenn wir es lieber so

Abb. 92. Albrecht Dürer (1471 bis 1528). Marter der 10.000 Christen. Kunsthistorisches Museum, Wien.

nennen wollen, der anerzogenen Gewöhnung der Bildbetrachtung und der uns unbewußt gewordenen Konvention, vor allem aber auch dem Wissen von der Vertikalität der Häuserbauten in der Natur widersprechen. Eine photographische Aufnahme, die bei aufwärts gerichteter Visierlinie gemacht wird, ist mit ihren nach oben konvergierenden Geraden (vgl. Abb. 52 bis 56) für Gebäude zwar „richtig", aber sie wirkt unangenehm und wird von uns meist als „schlecht" abgelehnt.

Abb. 93a. Bernardo Bellotto, gen. Canaletto d. Jüngere (1742 bis 1780). Der Universitätsplatz in Wien. Kunsthistorisches Museum in Wien.

Abb. 93b. Vergleichend photographische Aufnahme zu Abb. 93a.

Abb. 94a. Canaletto. Ansicht der Freyung, Wien.
Kunsthistorisches Museum, Wien.

Abb. 94b. Vergleichend photographische Aufnahme zu 94a.

Daß es sich bei dem „Parallelsehen" von Vertikalen auch über das horizontale Blickfeld hinaus wirklich um eine anerzogene Gewöhnung, eine uns zum Bedürfnis gewordene Konvention handelt, beweist der auf S. 4 bereits angeführte einfache Versuch bei um 90° verdrehter Situation.

Bilder für Wände und Tafeln werden überhaupt immer zum horizontalen Augstrahl *gedacht* und entworfen, auch wenn sie auf liegenden Reißbrettern oder schief gehaltenen Skizzenblättern gezeichnet werden, für welche Fälle eigentlich ganz andere Perspektiven am Platze wären.

Hat man die Darstellung oben auf der waagrechten Innendecke eines Raumes anzubringen, in Sälen und Kirchen, so muß das Bild der Richtung des aufwärts gewendeten Auges angepaßt werden, hat man ein Kuppelgewölbe auszumalen, so projiziert man statt auf eine Ebene auf eine Kugelform oder ein Ellipsoid.

Es ist ferner für die Betrachtung von Bildern von großer Wichtigkeit, sie von *richtigen Standpunkt* aus anzusehen (vgl. S. 43), und so, daß der Fluchtpunkt des Gemäldes in Aughöhe ist. Das ist freilich in Galerien, wo die Bilder wegen ihrer Anhäufung oft übereinander hängen müssen, kaum durchführbar, aber bei in Wohnungen aufgehängten Bildern sollte man trachten, dieser Bedingung zu genügen. Auch ist Rücksicht darauf zu nehmen, daß die gezeichneten Schatten mit der Einfallsrichtung des Lichtes vom Fenster her übereinstimmen, weil dadurch die Bildwirkung sehr gehoben wird.

Die *japanische* und *chinesische* Malerei mutet uns ganz seltsam an. Für vieles ist dabei zu berücksichtigen, daß ihre Künstler oft mehr „erzählen" wollen als abbilden und das Hintereinander des Geschehens auf einem Momentbild entsprechend modifizierte Behandlung verlangt. Derartiges kann man ja auch auf vielen europäischen Bildern sehen (vgl. Abb. 90, 91, 92). Die *Perspektive dieser Völker* erscheint dem Europäer aber auch sonst fremdartig und unverständlich. Bedenkt man aber die Lebensweise der Ostasiaten, die gewöhnt sind, in meist ziemlich kleinen Zimmern auf der Erde zu hocken und ihre an der Wand aufgehängten Bilder von unten her zu betrachten, so liegt es nahe, sich zur Beurteilung solcher Bilder oder Intarsien, Reliefs usw. in japanischer Weise auf den Boden zu setzen und von dieser Stellung aus sie zu beschauen. Naturgemäß muß dann die Perspektive eine von unserer ganz verschiedene werden. Vom Boden her betrachtend, bei stark hinaufgewandtem Blick wird man erstaunt sein, zu bemerken, wie viel eher man sich dabei in solche Darstellungen „hineinschauen" kann, und sie wirken nicht mehr so unnatürlich fremdartig.

Wie wirksam sich gute Perspektive in ihrer Anwendung in gewissen Fällen zeigen kann, möge in einigen Fällen für das sogenannte *„Nachschauen"* erörtert werden, das ein zeitweise sehr beliebtes Mittel der Maler für besondere Effekte war. In der „Beweinung Christi" von *Rubens*

(1577 bis 1640, Abb. 95, S. 88) ist das rechte Bein genau nach vorne orientiert. Von welcher Seite man dann das Bild auch betrachten mag, überallhin dreht sich scheinbar dieses Bein mit. In analoger Art sieht man den Be-

Abb. 96. Peter Paul Rubens. Der heilige Ignatius heilt Besessene. Kunsthistorisches Museum, Wien.

sessenen des Bildes Abb. 96 desselben Meisters von allen Seiten her gegen den Beschauer gerichtet und seine Augen folgen uns überallhin.

Besonders geschätzt war dieses „Nachschauen" auch für Deckengemälde, wo es entsprechend der anderen Blickrichtung gemäß den Grundsätzen der Camera obscura für die wechselnden Standpunkte der Besucher konstruiert wurde. Beispiele hiefür sind die Reiter auf der Decke der alten Winterreitschule in Salzburg, von denen in Abb. 97 ein

Abb. 95. P. P. Rubens (1577—1640). Die Beweinung Christi.
Kunsthistorisches Museum, Wien.

Abb. 97. Winterreitschule in Salzburg. Deckengemälde.

Ausschnitt wiedergegeben ist. Ähnliches findet man in den Bildnissen *Alexander des Großen*, die uns von den Decken in der Salzburger Residenz auf unseren Wanderungen mit ihren Blicken überallhin begleiten.

Man sieht das gleiche unter anderem oft auch bei Kircheninterieurs und verwandten Gemälden (vgl. Abb. 98, S. 90).

Dieses „Nachschauen" rührt daher, daß der Fluchtpunkt in die Hauptlinie (vgl. S. 42), in die horizontal auf die Blickrichtung senkrecht stehende Bildebene verlegt wird. Bewegen wir uns seitlich vom Bild, so schauen wir nicht mehr auf eine zur Blickrichtung senkrechte Ebene, sondern auf eine dazu geneigte. Wir erzielen den gleichen Effekt, wenn wir stehen bleiben, das Auge geradeaus gegen den Fluchtpunkt gerichtet, aber das Bild um eine durch diesen Punkt gehende Vertikale verdrehen.

C. Größenverhältnisse.

Sehr wichtig für die Erkenntnis, warum der Maler die Größe von Personen und Gegenständen nicht immer im tatsächlichen Verhältnis geben kann, sind die auf S. 7 ff. erwähnten optischen Täuschungen.

Da gleich lange Vertikale größer erscheinen können als die betreffenden Horizontalen (vgl. Abb. 7, 8, 9, 10), können Personen liegend oder stehend nicht gleich groß gezeichnet werden, um gleich zu wirken. Der Stehende sieht übergroß aus. So sind z. B. in Abb. 98 neben dem Sarkophag in einem Kircheninterieur die Personen verkleinert dargestellt. Auf der Photographie ist die Schmalseite des Sarkophages 20 mm, die Höhe der oberen Platte über dem Boden 18 mm; die Männer im Vordergrund sind 29 mm hoch. Den Fluchtlinien entsprechend, reduziert auf die gleiche Breite = horizontale Linie der vorderen Sarkophagfläche, hätten dort die Männer eine Größe von höchstens 25 mm. Da wir die obere Sarkophagfläche noch sehen und das Bild für normale Aughöhe konstruiert ist, folgt, daß die wirkliche Sarkophaghöhe etwa 120 bis höchstens 150 cm betragen kann. Das heißt, die stehenden Figuren, die nicht wesentlich größer sein könnten, wären gewiß *unterlebensgroß*. Sie wirken jedoch eher *zu groß*.

Für den Maler gibt es aber noch andere Gründe, sich nicht immer streng an die richtigen Größenverhältnisse — „richtig" im Sinne der perspektivischen Konstruktion — zu halten, hauptsächlich dann, wenn er „erzählen" will und unsere Aufmerksamkeit auf Einzelheiten lenken, die bei stärkerer Verkleinerung verloren gingen. Wenn *David Teniers* d. J. (1610 bis 1690) uns tanzendes Volk vorführt (Abb. 99) und dabei die Figuren rechts nicht in dem Ausmaß kleiner werden läßt, als es die sich entfernende Straße nach perspektivischer Konstruktion verlangen würde, so geschieht dies offenbar unbewußt, um unser Interesse an den tanzenden Paaren nicht zu mindern.

Abb. 98. Jan Buesem (geb. 1600, lebte noch 1649). Kircheninterieur.

Abb. 99. David Teniers d. J. (1610 bis 1690). Tanzendes Landvolk.
Kunsthistorisches Museum, Wien.

Abb. 100a. Giacomo Nani (anfangs des 18. Jahrhunderts). Supraporte-Blumenbild.

Abb. 100b. Plakat für „Geschützte Alpenpflanzen“.

Auch in der später (Abb. 108 auf S. 99) wiedergegebenen Landschaft von *Valckenborgh* (1540 bis 1625) sind nicht alle Figuren im richtigen Größenverhältnis, so sind die Frau auf der Brücke oder die Halbfigur ganz rechts in mittlerer Höhe offenbar relativ zu groß.

In *Giacomo Nanis* (Anfang des XVIII. Jahrhunderts) farbenprächtigen Supraporten (Abb. 100 a) sind die Blumen und Früchte usw. im Verhältnis zu der Fontäne im rechten Vordergrund usw. viel zu groß gemalt. Im Hintergrund sind die Rosen so groß, daß vier von ihnen ebenso hoch sind

Abb. 101. Philipp und Franz Heger, gestochen von F. Koch 1791. Der erste Platz der königlichen Burg in Prag.

wie die daneben befindliche Mauer! Es kommt hier dem Künstler nur auf die *dekorative Wirkung* an (was ohne die Farben allerdings nicht so in die Augen springt) und er setzt sich getrost über die perspektivischen Regeln hinweg.

Ganz Ähnliches ließe sich z. B. über ein Plakat zur Bekanntgabe der „geschützten Alpenpflanzen" sagen. Die schönen Blumen sind riesengroß im Verhältnis zu den Felsen, auf denen sie aufsitzen, oder den Bergen, zu denen sie gehören.

Während im Falle der Abb. 100 a es farbenfreudigen Darstellungen gilt, bei denen unsere Aufmerksamkeit den einzelnen Teilgegenständen, z. B. den schönen Rosen sich zuwenden soll, ist im Falle der erwähnten

Plakate der alpine Hintergrund nur nebensächliche Staffage und wie neben der Hauptperson oder dem Hauptgegenstand bei primitiven Bildern zurücktretend klein gezeichnet. Hier gilt es einer Propaganda gegen das Abpflücken der seltenen Blumen und nur sie sind für den Beschauer von Bedeutung.

Die Abb. 101 bringt die Wiedergabe eines betreffs der Gebäude exakt perspektivisch konstruierten Bildes der Residenz in Prag, gezeichnet von *Philipp* und *Franz Heger,* berühmten Kupferstechern und Radierern, gestochen von *F. Koch,* 1791.

Die als Staffage eingezeichneten Figuren harmonieren hier aber in keiner Weise in der Größe mit dem Bauwerk. Das Parterregeschoß links vorne z. B. mag etwa 2 m hoch sein (Fensterachsendistanz zirka 3 m). Die sechsspännige Kutsche, die noch weiter vorne ist, mitsamt dem Kutscher könnte demnach nur etwa 1 m hoch sein! Alle Figuren im Vordergrund sind wesentlich zu klein — sie sollen offenbar den Haupteindruck des Hauses nicht schmälern und die Aufmerksamkeit nicht zu stark auf sich ziehen. Anderseits wollen die Zeichner von den Trachten und Formen erzählen und diesem Zwecke dient es auch, daß die Schatten ganz oder teilweise unterdrückt werden. Wie an dem Schatten auf dem Gebäude links zu erkennen ist, steht die Sonne so, daß auch der Schatten der Figuren unter etwa 45^0 erscheinen sollte. Er wird aber viel zu klein gezeichnet, die Karossen werfen überhaupt keinen, nur bei den Rädern finden sich kurze Ansätze. Der Wagen im Hof zeigt an den Pferden, daß er in schneller Bewegung ist. Trotzdem sind die Speichen der Räder einzeln gezeichnet, obwohl man sie in diesem Falle nur als verschwommene Scheibe sehen könnte. Eine Momentaufnahme von $^1/_{100}$ oder $^1/_{50}$ Sekunde könnte die Speichen zeigen. Wer sie zeichnet, will mitteilen, daß er weiß, sie sind vorhanden, und wie sie in Ruhe ausschauen, aber es ist nicht das, was er *sieht,* sondern das, was er *weiß.* Wer sie nicht einzeichnet, will andeuten, daß der Wagen fährt und daß es sich nicht um eine konstruierte Momentaufnahme handelt.

Wer den Eindruck der Bewegung erzielen will, darf keine scharfen Momentaufnahmen wiedergeben, und gerade diesen ersteren Eindruck will der Maler oft vermitteln.

Schatten.

Wie schon bei der Besprechung der *Heger*schen Radierung (Abb. 101) erwähnt wurde, sind die Beleuchtungsverhältnisse auf Bildern nicht immer im Einklang mit den dort zu findenden Schatten.

Auf *Giorgiones* (1478 bis 1510) berühmtem Bild der drei morgenländischen Weisen im Kunsthistorischen Museum in Wien (Abb. 102) sehen wir die Sonne im Hintergrund untergehen. Die Figuren aber sind von links vorne her beleuchtet, die Felsen wieder von anderer Richtung.

Abb. 102. Giorgio Barbarelli, genannt Giorgione (1478 bis 1510).
Die drei morgenländischen Weisen. Kunsthistorisches Museum, Wien.

Abb. 103. Delfter Fliesen. Anfang des XVII. Jahrhunderts.
(Vgl. hiezu auch den Schatten in Abb. 76i.)

Abb. 104. David Teniers d. J. (1610 bis 1690). Das Vogelschießen in Brüssel. Kunsthistorisches Museum, Wien.

Abb. 105. David Teniers d. J. Dorfidyll. Kunsthistorisches Museum, Wien.

Die so vortrefflich beobachtenden Holländer malen sehr häufig Schatten als halbkreisförmige Bogen, wie dies z. B. *Delfter Fliesen* aus dem Anfang des 17. Jahrhunderts (Abb. 103) in auffallender Weise zeigen.

Offenbar gilt es nicht als fein, daß Bäuche Schatten werfen und sich dadurch bemerkbar machen.

Selbst der geniale realistische *David Teniers* d. J. (1610 bis 1690) unterdrückt Schatten, die ihm Details, die er schildern will, undeutlich machen würden, zum Teil oder ganz. Dafür bieten die Abb. 104 und 105 Beispiele.

In dem Brüsseler Vogelschießen, Abb. 104, kommt die Beleuchtung von links, nach dem Häuserschatten im Bilde ganz links unter etwa 45°. Die Figuren im Vordergrund in der Mitte werfen aber beinahe keine Schatten, der Wagen links etwas mehr, die Figuren rechts nur unvollkommen und zum Teil wieder die eigenartigen Bogen wie auf den Delfter Fliesen.

In Abb. 105 werfen die Bauernburschen und der Hund, trotzdem sie in praller Sonnenbeleuchtung geschildert sind, nur von den Füßen aus kurze Schatten, die Schatten der Körper fehlen. Der Hirt im Hintergrund hat wiederum den vorerwähnten konventionellen Bogen als Schatten, die Schafe haben dagegen daselbst einigermaßen richtige. In dem Bestreben, uns alle Einzelheiten der Burschen und des Hundes vorzuführen, wird hier zur Erhöhung der malerischen Gesamtwirkung auf die Schatten der Figuren im Vordergrund verzichtet.

Das gleiche gilt auch schon für die früher besprochenen Bilder von *Piero della Francesca* und anderen (vgl. S. 78, Abb. 87, 88).

Was die Schattenkonstruktionen einerseits, die malerischen Darstellungen derselben anderseits betrifft, soll noch angeführt werden, daß die Beleuchtung im allgemeinen nicht nur von der Sonne oder einer anderen Lichtquelle direkt erfolgt. Das auftreffende Licht wird auch von den von seinen Strahlen getroffenen Gegenständen zurückgeworfen und zerstreut und Wände, Boden und andere Objekte werden ihrerseits zu, wenn auch schwächeren, Lichtquellen, so wie ja auch der Mond nur von der Sonne erhaltenes Licht weitergibt. Dadurch wird die Schärfe des Schattens gemildert und im diffusen Licht eventuell ganz aufgehoben. Freilich, große Inkonsequenzen — wenn einige Gegenstände mit, andere ohne Schatten dargestellt werden — wirken doch zuweilen störend.

Es kommt auch noch ein weiterer Umstand zur Geltung. Das normale Auge stellt sich nicht nur für fern und nahe sehr schnell fortwährend akkommodierend um und faßt die gesamten Eindrücke in *ein* scharfes Sammelerinnerungsbild, es tut das auch adaptierend ständig für helle und minder helle Objekte und Stellen und erfaßt damit herumschweifend Details im Schatten oder Halbschatten, die gegebenenfalls dem Photographen, der mit Platten *einer* bestimmten Lichtempfindlichkeit im Momentbild zu arbeiten hat, entgehen können. Das begründet und erlaubt Detaildarstellungen beim Maler, die das geometrisch und einfach nach gleichartigem Lichtmaß eingestellte Objektiv nicht erkennen läßt. Das Bild im ganzen, als Summe zahlreicher Einzeleindrücke des Auges vom Gegenstande, erfolgt überdies nicht nur für einen Augenblick der Ruhe, sondern zumeist für bewegte Personen, Tiere, Gegenstände. Die Weglassung oder Minderung der für *eine* Momentaufnahme gültigen Konstruktion von Linienführung und Schatten durch den Maler, der den wirklichen Eindruck wiedergeben will, ist daher oft ganz berechtigt; insbesondere dann, wenn er interessante Details wiedergeben will, die er ja tatsächlich sieht, wenn auch nicht absolut gleichzeitig, sondern unmittelbar hintereinander und aus verschiedenen Betrachtungsmomenten.

Der Maler bringt keine gedankenlosen Reproduktionen, er will auch immer mitteilen, berichten, erzählen, nicht zuletzt seine eigenen seelischen Erlebnisse beim Schauen.

Dazu kommen dann noch manchmal ästhetische Momente. Langweilig wirkende gerade Schattenlinien, wie sie der geradlinige Hausfirst in Abb. 101 links verlangen würde, werden kurz entschlossen gekrümmt, weil damit der geräumige Platz hübscher unterteilt wird. Unterseiten von Kutschen werfen keine Schatten, ebensowenig wie Bäuche von Menschen und Tieren usw. usw. (vgl. Abb. 101, 105).

Die Starrheit der Momentaufnahme, die durch scharfe Schlagschatten betont würde, wird aufgehoben und damit der Eindruck einer Bewegung der Figuren hervorgebracht. Tänze, Volks- und Kriegerbewegungen, laufende Tiere und Personen usw. würden sonst zu steif und hart und unnatürlich wirken.

Man muß nicht allem zustimmen, was sich manche Maler erlauben, manche nehmen sich im Widerspruch zu den Grundsätzen der Perspektive allzu große Freiheiten — aber im großen und ganzen herrscht bei ihnen doch das unbewußte Streben, eben das darzustellen, was sie „sehen", und das ist der Extrakt aus einer Summe zahlreicher Eindrücke.

Es ist kein Streiten gegen die klaren, eindeutigen und wohlbewährten Erkenntnisse der Konstrukteure auf deren eigenem, wohldefiniertem Gebiet, aber es ist eine unwillkürliche Auflehnung der Maler und Künstler auf *ihrer* Domäne gegen einseitige doktrinäre Bevormundung von Konstrukteuren und Schulmeistern.

D. Die Größendarstellung von Bergen, Sonne und Mond.

Besonders eigenartig ist die Stellungnahme der Maler zur Wiedergabe von Gebirgen sowie von Sonne und Mond.

Was die Berge betrifft, so sind sie erst seit der neueren Entdeckung der Freude an der Natur zu Beginn des XIX. Jahrhunderts und insbeson-

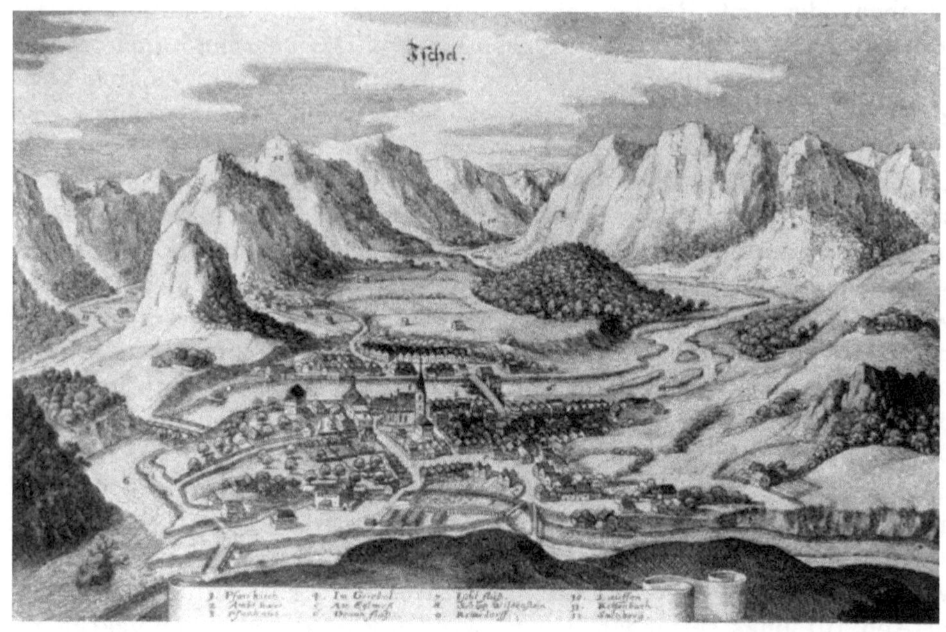

Abb. 106. Altes Bild von Ischl.

Abb. 107. Photographische Aufnahme von Ischl 1930.

dere seit der großen Entwicklung des Sports unsere Freunde geworden. Vorher bemerkte man vorwiegend ihre Gefahren und Schrecknisse und betrachtete sie mit angstvoller Scheu. Diesem Eindruck des Schreckhaft-Gewaltigen entspricht es, daß in früheren Jahrhunderten die Berge übergroß und drohend dargestellt wurden.

Deutlich tritt das z. B. hervor beim Vergleich einer alten Darstellung aus Ischl (Abb. 106) mit einer neuen photographischen Aufnahme (Abb. 107) und einem Gemälde von *Waldmüller* (siehe Titelbild).

Abb. 108. Lukas van Valckenborgh (1540 bis 1625). Weinlese.
Kunsthistorisches Museum, Wien.

Als Beispiel sei weiters ein Bild des ausgezeichneten Natur- und Sittenschilderers *Valckenborgh* (1540 bis 1625) in Abb. 108 wiedergegeben. Drohend soll die Festung wirken, abschreckend sollen die Felsen sie gleichsam schützen und aus dieser Empfindung heraus sind sie perspektivisch gemessen viel zu groß dargestellt.

In den Größenverhältnisen der Personen, z. B. der Tafelrunde in der Mitte, den beiden Paaren dahinter und den Figuren auf dem Steg finden sich hier übrigens auch bedenkliche Widersprüche.

Die Skizzen Abb. 109 und 110 bringen rohe Zeichnungen einer erwachsenen Person und einer noch naiveren jüngeren und darunter die photographische Ansicht des Schafberges von Kaltenbach aus (Abb. 111).

Je naiver die Auffassung, desto größer werden die Berge dargestellt, immer im Verhältnis zur photographischen oder konstruktiven Aufnahme viel zu groß.

Abb. 109. Skizze zum Schafberg (erwachsenere Wiedergabe).

Abb. 110. Skizze zum Schafberg (jugendliche Wiedergabe).

Abb. 111. Photographie des Schafberges vom gleichen Punkt aus wie Abb. 109 und 110.

Wurde auch sicherlich bei der Abbildung der Berge oft aus Gefühlsgründen in der Größe übertrieben, so dürfen dennoch nicht alle Abweichungen von der korrekten geometrischen Perspektive vom Standpunkt des Malers aus als fehlerhaft bezeichnet werden. Nicht nur spielt es eine große Rolle, daß die Berge, besonders nähere, nicht „mit *einem* Blick" umfaßt und erfaßt werden können, sondern das Auge dazu oft herumwandern muß, auch die erwähnte „Luftperspektive" ist von Wichtigkeit und es erscheinen dem Auge die Berge wirklich je nach Wetter und Beleuchtung verschieden groß, und es muß für das, was der Maler *wirklich „sieht"*, auch stets berücksichtigt werden, daß das Auge keine fixierte, auf bestimmte Entfernung eingestellte Kamera ist. Weil wir auf fern und nahe in ständigem Wechsel bei der Betrachtung verschieden akkommodieren, „sehen wir wirklich" — das heißt wir bringen zu unserem Bewußtsein — die Berge größer, als sie durch das photographische Objektiv dargestellt werden. Der Maler, der wiedergeben will, was er wirklich sieht, der richtig akkommodiert und auch mit der Veränderung der Pupillenöffnung auf wechselnde Helligkeit ständig reagiert (was der photographische, einmal eingestellte Apparat nicht kann), dessen Auge mit seiner Fähigkeit der Akkommodation und Adaption ihm also tatsächlich andere Eindrücke vermitteln *muß* als die Kamera — er *muß*, ganz abgesehen davon, daß er eben nie nur *ein* Bild sieht, sondern viele sammelt und zusammenfaßt, die Berge größer zeichnen als der Konstrukteur.

Wenn man im Gegenteil dazu beobachtet, wie in neuerer Zeit auf den Bildern die Berge immer kleiner werden und sich den Darstellungen der Photographen nähern, so rührt das zum Teil daher, daß viele Maler sich daran gewöhnt haben, mit Photogrammen als Vorarbeit und Unterlage zu zeichnen, weil sie das als Erleichterung ihrer Aufgabe empfinden. Zum Teil ist aber auch die ungeheure Verbreitung der Ansichtskarten und anderen photographischen Naturaufnahmen schuld, die allmählich uns zur Betrachtung im photographischen Sinne „erziehen". Man bemerkt, wie sich hier eine Umgewöhnung der Betrachtung der Berge, eine neue „konventionelle" Anschauung einbürgert, die aber in Wahrheit gar nicht dem entspricht, was der naive Mensch „wirklich sieht", und die deshalb in manchem Belange bedauerlich ist.

E. Bilder von Sonne und Mond.

Trotz der großen Verbreitung von Zeichnungen und Gemälden, auf denen Sonne und Mond zu sehen sind, fällt es nur wenigen Beschauern auf, wie außerordentlich verschieden groß sie abgebildet werden. Diese Gestirne haben von jeher die Aufmerksamkeit der Menschen in enormem Maße auf sich gezogen und ihre Darstellung erfolgte entsprechend der Stärke ihres gefühlsmäßigen Eindruckes immer in übermäßiger Größe.

Abb. 112a.

Abb. 112b.

Abb. 112a und 112b. Kinderzeichnungen von Sonne und Mond. Die Strahlen der Sonne zeigen an, daß, im Gegensatz zum Mond, das Kind beim Anblick der Sonne geblendet war und sie nicht scharf umrandet sah.

Abb. 113.

Abb. 114.

Abb. 115.

Abb. 116.

Abb. 113 bis 117. Sonne- und Monddarstellungen auf Ansichtskarten.

Abb. 117.

In Kinderzeichnungen spielen sie schon eine große Rolle und dort sind sie entsprechend der naiven Auffassung durchwegs sehr groß zu finden (vgl. Abb. 112).

Je „kitschiger" — man verzeihe das Wort — das Bild ist, das heißt auf je primitivere Gemüter es einwirken soll, desto größer pflegen Sonne und Mond gezeichnet zu werden (vgl. Abb. 113 bis 117). Aber auch ernste Maler zeigen uns diese Gestirne in verschiedener Größe. Im Kunsthistorischen Museum in Wien fällt z. B. neben dem bereits erwähnten Bild von *Giorgione*, Abb. 102, S. 94, in dem die untergehende Sonne nicht sehr deutlich zu sehen ist, eine Landschaft

Abb. 118. Aart van der Neer (1603 bis 1677). Mondlandschaft.
Kunsthistorisches Museum, Wien.

von *Aart van der Neer* (1603 bis 1677) auf, die den Mond relativ etwas kleiner zeigt. Aber auch dieser ist gegenüber photographischen oder nach dem Sehwinkel konstruierten Aufnahmen viel zu groß gemalt.

Wie dies bereits auf S. 56 eingehender besprochen wurde, bekommt man auf die Frage: „Wie groß ist der Mond?" die widersprechendsten Antworten. Für die wirkliche Entfernung des Mondes, gleich rund

Abb. 119. Venetianische Schule, XVIII. Jahrhundert.

400.000 km, beträgt der Sehwinkel für die tatsächliche Scheibengröße von 3600 km rund $^1/_2{}^0$ (genauer 31 Minuten 8 Sekunden). Die Sonne erscheint gleich groß, trotzdem ihr Durchmesser 400mal größer ist als der Monddurchmesser, weil wir sie ihrer größeren Entfernung entsprechend unter gleich großem Sehwinkel erblicken. Nehmen wir die Behauptung an, der Mond sei so groß wie eine Scheibe von 20 cm (Tellergröße), so heißt das natürlich nicht, daß wir das auf 400.000 km Entfernung beziehen, sondern einen Teller dieser Größe in der Distanz von 22 m halten müßten, damit er ihn gerade verdeckt. Demnach würde ihn auch eine Scheibe von etwa 20 mm Durchmesser (Münze), die wir in der Entfernung von 2·2 m halten, gerade verdecken. Die Aussagen: Der Mond ist so groß wie ein Teller, oder er ist so groß wie ein Zehngroschenstück, heißen also eigentlich, daß die verschiedenen Personen den Mond in verschiedene Distanzen placieren. Aber quantitativ reicht das nicht zur Erklärung aus, denn z. B. auf 22 m Distanz projiziert niemand, auch nicht gedanklich, ein Bild.

Abb. 120. Mondlandschaft.

Die Photogramme von Mondbildern zeigen ihn auch wesentlich kleiner, als ihn die Maler darstellen. Abb. 120, 121 zeigen freilich den Mond nicht scharf wegen der Wolken (wohl auch ein wenig retuschiert). Immer ist man, schon wenn man als Photograph den Mond auf der Mattscheibe einstellt und dann beim Anblick der Photogramme erstaunt, wie klein er herauskommt.

Sehr instruktive Beispiele, wie groß wir Sonne und Mond zu „sehen" gewohnt sind und wie groß sie den perspektivischen Regeln nach zu zeichnen wären, geben die Abb. 122, 123, die der Abhandlung von *Hans Witte*, „Physikalische Zeitschrift", 20. Jahrgang, S. 114 bis 120, 1919, entnommen sind.

Hier hat der dazu aufgeforderte Maler in die photographischen Aufnahmen den Mond und in Abb. 123 auch noch rechts die untergehende Sonne (rechts, über dem niedrigen Hausdach) nach seinem Empfinden eingezeichnet und in den schwarzen Rändern, die die Bilder oben begrenzen, sind die dazu gehörigen photographischen Aufnahmen von Mond und Sonne beziehungsweise die perspektivisch dazu konstruierten wiedergegeben, die uns ganz unglaubhaft und unnatürlich klein erscheinen.

Kein Maler würde es wagen, Sonne und Mond so klein zu zeichnen, als es die photographische Kamera verlangt. Das Publikum würde solche Bilder ablehnen und es hat in gewissem Sinne recht. Die Unmöglichkeit der Entfernungseinschätzung (wir „sehen" Sonne und Mond praktisch gleich weit entfernt), die durch die relative Helligkeit bedingte Adaption unserer Augen, die wechselnde Einstellung unserer Augen auf die nahe

Landschaft und den „unendlich" weit entfernten Mond, kurz die andersgeartete Betrachtung mit dem Auge als mit dem photographischen Objektiv, unwillkürlich noch verknüpft mit unserem Wissen von der Größe der Gestirne und beeinflußt von dem starken gefühlsmäßigen Eindruck,

Abb. 121. Mondlandschaft.

vermitteln tatsächlich unserem Bewußtsein eine andere Größenvorstellung, als der geometrischen Konstruktion entspricht.

An einigen wenigen Beispielen wurde gezeigt, daß die Maler teils bewußt, teils unbewußt sich in ihren Darstellungen zuweilen von den Regeln der Perspektive entfernen, daß sie mehr wollen als bloß konstruieren. Hat der perspektivisch geschulte Zeichner das Recht, ihnen

Abb. 122.

Abb. 123.

Abb. 122 und 123. Bilder nach Hans Witte.
Physikalische Zeitschrift, 20. Jahrgang, Seite 114, 1919.
(Auf die Hälfte verkleinert).

daraus einen Vorwurf zu machen, oder hat der Maler das Recht, den Konstrukteuren vorzuwerfen, daß sie die Welt unrichtig wiedergäben? Sie haben offenbar beide recht, nur die gestellten Aufgaben sind verschieden. Gewiß soll der Maler sich nicht leichtfertig über die perspektivischen Grundgesetze hinwegsetzen, sie sind eine dauernde Errungenschaft und wichtige Grundlage. Aber der Konstrukteur darf anderseits nicht außer acht lassen, daß das Auge keine starre photographische Kamera ist, daß zudem optische und Urteilstäuschungen mitspielen und endlich — was der Konstrukteur durch ein einziges Bild nie kann — der Künstler den Versuch macht, auf seinen Gemälden einen Eindruck zu erwecken, der dem sich nähert, was wir in der Natur mit zwei Augen sehen. Dazu kommt noch, daß neben dem „Spiegeln der Welt" dem Künstler die Aufgaben der Dekoration einerseits, des Schilderns und Erzählens von wichtigen Ereignissen und auch von einfachen Vorgängen anderseits immer verbleiben werden.

Schlußwort.

Das Vorstehende bringt natürlich vieles Bekannte, weicht aber in mancher Hinsicht immerhin von den üblichen Darstellungen und vom Hergebrachten ab.

Es ist nur ein kleiner Leitfaden, der aber auch einiges Neuartige aus eigenen Erfahrungen, Versuchen und Überlegungen aufzeigt.

Seine Abfassung geschah, dem inneren Drange entsprechend zu zeigen, daß es zwischen objektiver Wissenschaft und ehrlicher Kunst keine wirklichen Widersprüche geben kann und daß, wo Gegensätzlichkeiten auftauchen, sie sich bei gutem Willen leicht überbrücken lassen und ihren Ausgleich finden können.

Dem Maler *sein* Recht, zu „sehen", wie er es tut, und danach seine Werke zu schaffen, und dem Konstrukteur und Photographen das *ihre* auf ihrem Arbeitsgebiet! Aber keiner soll den anderen beherrschen, ihm seine alleinseligmachende Auffassug aufzwingen wollen.

Die Darlegungen beschränken sich wesentlich auf zeichnerische Gebiete; von dem ungeheuer großen Gebiete der Farben mußte abgesehen und dieses anderen Bearbeitungen vorbehalten werden, um nicht alles zu sehr zu komplizieren und den Rahmen dieses Büchleins zu sprengen.

Bei der Bilderbetrachtung sind nur wenige, mehr zufällig als zielgerecht herausgegriffene Beispiele gewählt worden, die sich bei jeder Kunstwanderung, bei jedem Museumsbesuch wesentlich erweitern lassen. Sie sollen auch nur Anregungen geben zu besinnlicherem Beschauen der Kunstwerke und in keiner Weise mehr geben als kleine Hinweise. Gleichwohl mögen sie vielleicht Künstler und Kunstfreunde, Konstrukteure, Optiker und Augenärzte zu eigenem Nachdenken über manches veranlassen, über das er gewohnt war, flüchtig hinwegzugehen.

Immer wieder wurden die folgenden Auffassungen betont:

1. Das Auge sieht nicht wie ein photographischer Apparat, sondern sammelt immerfort eine enorme Anzahl von Einzeleindrücken, aus denen die Gehirnarbeit das Wesentliche herausgreift und für uns zum „Bilde" als einem Mittel- und Erinnerungswert formt.

2. Die Art des Abtastens der Linienzüge und Formen durch das Auge in schnell wechselnden Richtungen beim Schauen ist für den Sichteindruck von maßgeblicher Bedeutung, wovon die „optischen Täuschungen" besonders geeignet sind, Aufschlüsse zu geben.

3. Die Beurteilung der Größe eines Gegenstandes ist nicht allein durch den Sehwinkel und die geometrisch-perspektivische Anschauung bedingt, sondern hängt bedeutsam einerseits von der *Blickrichtung* und anderseits von der *aufgenommenen Lichtsumme* ab. Da die Lichtempfindlichkeit individuell und besonders auch in verschiedenem Lebensalter verschieden ist, „sehen" Kinder wirklich z. B. die Sonne usw. größer als Erwachsene, und wenn sie sie übermäßig groß zeichnen, so ist das wenigstens teilweise damit begründbar.

Das „Sehen" ist für brillenbewaffnete, starrlinsig gewordene Augen im Prinzip ein anderes als für Normalsichtige.

4. Zum „Sehen" gehören unter allen Umständen neben den rein physiologischen Eindrücken und Momenten unser Urteil, unser Zurückführen auf andere uns bekannte und geläufige Erscheinungen, unsere Erziehung und Gewöhnung und Kenntnisse und Konventionen, die die Vorstellungen von den Dingen mitbeeinflussen.

Konstrukteure und Maler, beide sind für unser ganzes Leben und unsere Kultur von unersetzlicher Wichtigkeit, und wenn sie gelegentlich in ihren Darbietungen voneinander abweichen, beherzige man immer: Beide haben recht, jeder in seinem Bereich und für seinen Zweck.

Aber beide sind keine Automaten. Die Wichtigkeit der „Persönlichkeit" des Konstrukteurs in seinen Erfindungen und Ausführungen erkennt heute jedermann auf Schritt und Tritt in unserer modernen Welt; gerade so wie beim Maler und Künstler überhaupt, der die *ihm* als die bedeutsamst erscheinenden Einzeleindrücke und Daten zu *einem* persönlich, individuell verarbeiteten Bild sammelt und erst damit ein Kunstwerk schafft. Es muß immer wieder betont werden, gerade der Reiz der „Persönlichkeit" des Künstlers und seiner „Auffassung" bringt die hohen Werte seiner Schöpfungen.

Bei richtiger Beurteilung der Aufgaben und Darstellungsmöglichkeiten kann und soll es zwischen Konstrukteuren und Künstlern keine Unstimmigkeiten geben, jeder hat recht auf seinem Gebiet. Aber er greife nicht über in die Domäne des anderen, er schulmeistere nicht dünkelhaft und rechthaberisch. Lange hat das Reglement der Perspektive die Betätigung der Maler in allzu scharfem Zaum gehalten. Ihre enorme Bedeutung darf niemals verkannt werden — aber sie muß beschränkt bleiben auf das ihr zukommende Gebiet und darf nicht den Künstler in Fesseln legen wollen. Damit soll gewiß nicht den Exzessen, wie sie z. B. gewisse „Futuristen" sich erlaubt haben, das Wort geredet werden, noch auch dem Dünkel mancher, die die Mitwelt durchaus „erziehen" wollen, ohne selbst erzogen zu sein. Manche „rümpfen die Nase, ehe sie gelernt haben, sie zu putzen". Daß auch die Künstler nicht ganz frei über die Schnur schlagen, sich, wie es gewöhnlich so schön heißt, ganz ungebunden ausleben dürfen, liegt auf der Hand.

Natürlich muß auch der Künstler sein Metier intensiv gelernt haben, muß so gebildet sein, als irgend möglich ist. Aber anderseits sei als Leitgedanke festgehalten: Die frische, frohe, natürliche Empfindung des Künstlers soll nicht durch Lehrgebäude beschränkt werden, es soll kein schulmeisterlicher Zwang auf ihm lasten; es soll ihm nicht eingeredet werden, er sähe etwas, was er wirklich gar nicht so „sieht". Denn das Sehen schlechthin und das künstlerische Schauen sind keine einfachen, reglementierbaren Angelegenheiten, sollen sie nicht zu handwerksmäßigen Dutzendwaren führen, und das — natürlich wohlausgebildete und zur höchsten Feinheit herangezogene — Schauen und Können wahrer Künstler spiegelt die Individualität der Künstler und schafft individuelle Kulturwerke, die zu den höchsten Schätzen der Zivilisation gehören.

Ein sehr namhafter Gelehrter, tatsächlich einer der berühmtesten deutschen Physiker und Physiologen hat im Geiste der Weltauffassung der zweiten Hälfte des vorigen Jahrhunderts in stolzer Vermessenheit gesagt, daß das Auge eine unvollkommene Einrichtung sei und jeder gute Optiker bessere Instrumente machen könnte.

„Wenn mir ein Optiker ein Instrument verkaufen wollte, welches die Fehler des Auges hätte, so ist es nicht zu viel gesagt, daß ich mich vollkommen berechtigt glauben würde, die härtesten Ausdrücke über die Nachlässigkeit seiner Arbeit zu gebrauchen und ihm sein Instrument mit Protest zurückzugeben." Allerdings hat er hinzugefügt: „In Bezug auf meine Augen werde ich freilich letzteres nicht tun, sondern im Gegenteil froh sein, sie mit ihren Fehlern möglichst lange behalten zu dürfen. Aber der Umstand, daß sie mir trotz ihrer Fehler unersetzlich sind, verringert doch, wenn wir uns einmal auf den zwar einseitigen, aber berechtigten Standpunkt des Optikers stellen, die Größe dieser Fehler nicht." Das ist wohl eine bedauerliche Verkennung dessen, was das Auge wirklich in seiner wunderbaren Vielseitigkeit leistet, und die mißverständliche Vergleichung mit der photographischen Kamera. Das Auge ist nicht einfach eine solche, es ist viel mehr und funktioniert ganz anders.

Man hat, besonders wenn es galt, unschöne oder unerfreuliche Photographien zu entschuldigen, gesagt: „Das Lichtbild lügt nicht, es plaudert nur aus!" Aber die Photographie bringt eben jeweils nur *ein* Momentbild und die Auswahl des Augenblicks, der festgehalten wird, ist nicht immer günstig und geschickt gewählt; sie verschweigt vor allem, was andere Momente zeigen könnten. Sie macht auch keinen Unterschied zwischen zufälligen und dauernd charakteristischen Zügen eines Antlitzes, ein Zufallskratzer kann ihr gleichwertig sein mit einer Denkerfalte.

Zeigt ein Photograph z. B. ein Tier im Sprung, einen Menschen bei einer Sportbetätigung etwa in einem Momentbild von $^{1}/_{100}$ Sekunde, so verwundert man sich über den ungewohnten und uns unbekannten Anblick. Das Gebotene ist sehr interessant, aber es ist nicht charakteristisch für das, was wir an dem betreffenden Geschöpf zu sehen gewöhnt sind; man kennt es nicht so und empfindet es nicht als brauchbares „Paßbild".

Beim Künstler greift hier seine Individualität, sein tieferes Studium ein. Was er als wichtig und charakteristisch erfaßt, wenn auch nicht „mit *einem* Blick", sondern indem er sich in das Wesen seines Klienten vertieft, was er aus den zahlreichen Einzeleindrücken, die er von ihm in ein Porträt hineinnimmt und damit von ihm erzählt, zeugt nicht nur von der Wesensart des Porträtierten, sondern bildet weitergehend einen reizvollen Einblick in die Anschauungsweise und Denkart des Künstlers selbst. Hierin gleicht die Arbeit des Künstlers dem des Auges, das auch im Gegensatz zum photographischen Apparat fortwährend neue Einzelbilder sammelt und daraus erst mit Hilfe der Gehirnarbeit die Hochwerte der Sinneseindrücke schafft.

Kein großer Maler hat sich photographischer Vorlagen bedient, was vor der Mitte des XIX. Jahrhunderts ja auch noch gar nicht möglich war. In neuerer Zeit aber werden für Porträts und Landschaften und sonst zu allerlei für die Zeichnungen Photogramme als Behelfe und aus Bequemlichkeit oft zugrunde gelegt, weil — wie ausgeführt, oft zu Unrecht — der Zeichner sie für „richtig", auch in malerischer Hinsicht, hält. Das gereicht der Kunst keineswegs zum Vorteil oder Fortschritt, ist jedoch für die Ausbildung und Entwicklung der Individualität des Künstlers und für das Kunst-Schauen sicherlich geradezu gefährlich und führt zur sogenannten „Routine"-Arbeit.

Der Künstler aber sieht, wie das Auge sieht, nicht wie ein photographischer Apparat, eine Summe von sehr vielen Einzelbildern, die er geistig zu einem einheitlichen schönen Werk sich zu verarbeiten bestrebt. Er malt dabei nicht nur, *was* er „sieht", sondern auch, was *er* „sieht", und spiegelt nicht nur.

Man hat gesagt: „Die Menschen sind die Augen Gottes" — dann sind die Künstler seine besonders begnadeten.

Die Wunder des Auges aber, wie aller unserer Sinnesorgane, sind so unermeßlich groß, daß man nur immer wieder ehrfurchtsvoll staunend sich in sie vertiefen kann, ohne sie je völlig auszuschöpfen.

Druck von Friedrich Jasper, Wien, III., Tongasse 12